告発・原子力規制委員会

被ばくの実験台にされる
子どもたち

松田 文夫 著

緑風出版

目次

告発・原子力規制委員会——被ばくの実験台にされる子どもたち

はじめに

２０１１年（平成２３年）３月１１日の福島第一原発の事故後、国や産業界や学界や自治体は、住民を被ばくから守ると称して矢継ぎ早にさまざまな弥縫策を打ち出したが、そのなかでも最も将来に禍根を残す悪しき方策は、事故後の住民の被ばくの限度を年間２０ミリシーベルトまで引き上げてしまったことである。

この事故の前までは、一般公衆の被ばくの限度は年間１ミリシーベルトまでであったが、事故の後、広範な放射能汚染によりこれを守ることが困難になると、汚染の実態に合わせて、被ばくの限度を引き上げたのである。

原発事故の影響は大勢の住民に及ぶので、放射線障害を発症する総人数をできるだけ少なくするために、本来であれば事故後の被ばくの限度は事故前よりも引き下げるのが正しい方策であるが、何とその反対に、被ばくの限度をそれまでの２０倍に引き上げてしまったのである。

特に、放射線の影響を受けやすい子どもたちにとっては、この措置により、長期にわたって強い放射線に曝されることになり、その結果、放射線障害を発症すれば、これからの生活にさまざまな負担を強いられることになる。これはまさに子どもたちを被ばくの実験台にする行為である。

被ばくの限度を20倍にまで引き上げて、子どもたちを被ばくの実験台にしようとするのは、いったい誰なのか。本書ではそれを明らかにしたい。

本書は『内部告発てんまつ記——原子力規制庁の場合』（七つ森書館）の続編として書いているので、前書の出版以降の著者の身の上に起きたことも手短に記している。些事に興味のない方は第1章の27ページの「ICRP新勧告案」まで読み飛ばしていただきたい。

なお、各資料を引用する際、紙幅の制約から原文の一部を省略したところがあるほか、原文での表記とは異なって、「mSv」は「ミリシーベルト」に、「Publication」は「PUB」にしている。また、正しくは「年間20ミリシーベルト」と書くところを「年間」を省略しているところがある。「原子力規制委員会」と「規制委」、「原子力災害対策本部」と「原災本部」、算用数字と漢数字の混在など、統一されていないところは、ご容赦願いたい。

1 『てんまつ記』以降のてんまつ

まず順序として、前書『内部告発てんまつ記――原子力規制庁の場合』の出版以降のてんまつを記すことにする。原子力規制庁の技術基盤グループにおいて、官製談合や業者との癒着などが横行している事実に私が気づいたのは２０１７年の７月のことであった。私はその事実を規制庁に告発したが、談合や癒着が違法とは認められなかったので、セカンドオピニオンを得ようとして、その間の経緯を記して本を出版した。それが冒頭に記した前書であるが、その本が書店に並んだのは２０１８年の２月最後の週末（２４、２５日）であった。私は新宿の紀伊國屋書店まで出かけて行って、実物を手にとって確かめた。

翌２月２６日の月曜日に、何が起きるか、多少身構えながら出勤すると、管理者は私を一瞥したが、何も言わなかった。まだ出版早々であり、しかも月曜日であったので、規制庁内部でも管理者間の調整が済んでいないように思われた。そのうち呼びつけられて自宅待機を命じられることだろうと思っていたが、しかし、午後になっても管理者は何も言わなかった。私は管理者の様子に気を配りながら、いつも通りに事業者からの申請書類に目を通していたが、何も起こらず、やがて終業時間になってしまった。私は、周囲に「お先に」と言って、拍子抜けした気分で帰宅した。

私の身分である原子力規制庁技術参与は非常勤職員であり、月１５日勤務の取り決めなので、次に水曜日に出勤したが、この日も管理者は何も言わず、顔見知りの職員も何も言わなかった。私を見ても『てんまつ記』というささやき声は聞こえてこなかった。

規制庁の職員の不祥事（飲酒しての暴力沙汰など）は、たとえ地方新聞の小さな記事であっても一瞬のうちに庁内に知れわたるから、『てんまつ記』の出版が見逃されているはずはなかった。少なくとも人事課や総務課は、規制庁に都合の悪いことが書かれていないかどうか、役人の自衛本能から必ずチェックするはずだった。出版社からは、「丸の内の丸善で売り切れになったので、10冊補充した」という連絡があった。

刊行からほぼ1週間後の3月2日（金）に、規制庁の総務課長によるマスコミ相手のブリーフィングの場で、東京新聞の宮尾記者が本書について質問をしてくれた。規制庁のホームページ（HP）にはその場面が残されている。

○原子力規制庁記者ブリーフィング

日時：平成30年3月2日（金）14時30分～
場所：原子力規制委員会庁舎 記者会見室
対応：大熊長官官房総務課長

〈質疑応答〉

・司会
　それでは、次の方、どうぞ。

・記者
　東京新聞のミヤマ（宮尾の間違い。筆者注）です。よろしくお願いします。
　ちょっと話は変わりまして、原子力規制庁の技術参与の松田文夫さんという方が、先ごろ『内部告発てんまつ記——原子力規制庁の場合』という本を出版されまして、その中で、要は、規制庁の行っている入札について、２件の入札について、不正な経緯があったという内容を書かれておりまして、それは規制庁が設置している原子力施設安全情報申告調査委員会にメールで告発をされたそうなのですが、そこでは受理されずに職員による内部通報という形で取り扱われて、人事課の方からいずれも不正とか法令違反には当たらないという説明があったという内容が書いてあります。

この件について、事実関係はこのとおりでよろしいかということと、あと、この対応に、法令違反には当たらないという認識でよろしいかということと、それから、申告調査委員会で受理しないで内部通報として処理したという対応が適切だったかという、その点についてちょっと伺えますでしょうか。

・大熊総務課長

今御質問の中で御指摘のあった本が出版されたという情報は、報告を受けて承知をしております。内容については詳しく見ておりませんし、個々の内容が正しいかどうかも含めて、ちょっとコメントは控えるというか、コメントする必要はないか思っております。

一方、職員からの通報については、あるいは外部も含めて、通報を受ける仕組みというのは整備をしております。これについては、通報があればしかるべくしっかりと調査をして、仮に法令違反などの問題があるということになれば、しかるべく対応し、また、皆様にも公表するという対応をしているということは、皆様も御承知のとおりでございます。

・記者

申告調査委員会で受理しないで内部通報として処理したというのは、そこで受理する内容には当たらないと判断されたということなのでしょうか。

・大熊総務課長

その申告の仕組みについての経緯、その他を含めて、その本の内容も含めて、詳しく確認しているわけではございませんけれども、おっしゃった申告の話というのは、原子力の安全に関するものについて、事業者の活動についての申告の仕組みというものを指しているのではないかと思います。

今回、今おっしゃっている件は、職員の方からの規制庁の事務に関するものですので、こちらは職員からの通報に関する仕組みで受理をするということが適切だということで判断がなされたのではないかなと思いますけれども、そうであれば、それは適切な判断であると思います。

・記者

ありがとうございます。

宮尾記者の質問によって、『てんまつ記』は確実に規制庁内に知れ渡ったものと思うのだが、それでも、誰かが私のそばに来て、本書を話題にすることはなかった。

ここまでの事態は私にとって想定外であった。宮尾記者の質問に対しても「コメントする必要はない」ということで、スルーを決め込まれてしまった。それが規制庁の総意なのだろうか。

しかし、考えてみれば、規制庁としては何も好き好んで事を荒立てなくても、ちょうど年度末であり、来期の雇用をしなければあっさり片付くのであった。私のような技術参与は1年ごとの短期雇用であり、雇用の更新については部門長の承認が必要なのである。部門長が承認しなければ、それまでなのであった。

まさか何の前触れもなく雇用を切られることはないだろうとは思っていたが、いつまでも更新の打合せの連絡がないと不安になるものである。ようやく3月12日（月）になって、来期（2018年度）の雇用更新について連絡があり、その日の午後に面談をすることになった。いつもなら、課長補佐クラスの担当者から来期も継続する意思があるかどうか聞かれ、意思があると言えばそのまま人事考課なしで自動継続になるのが普通だったが、今回はその担当者に加え、部門長と部門長補佐の3人による面談が行われることになった。

冒頭、部門長が「あちこちから本について攻められている」と苦笑交じりに言った。私はすぐ来期の更新は認めないと言われるかと思ったが、そうではなくて、「本のことがなければ、こんな面談は必要がないのだが」と前置きして、一呼吸置くと、本の中で私が指摘したことに対して誤解を解くための説明を始めた。

「基盤Gが丸投げ体質であることは、規制庁内でも問題視する幹部は多い。しかし、業務量の多さと職員の能力の面から止むを得ない現状が続いている。今後、改善されることを期待している」

「最低ペアと言われた2人も仕事をしていない訳ではない。毎日遅くまで残って書類を作っていたのを目にしている」

「田中知委員（原子力業界から一億円以上の寄付を受けていた元東大教授。筆者注）について、過去はともかく、就任挨拶で述べたように、今は規制委員としての立場を弁えてしっかり仕事をしている」

思いがけず部門長が丁寧に説明してくれたことに感謝して、私は個々に反論しなかったが、最低ペアが遅くまで仕事をしていた、という点には、反論すべきであった。彼らの仕事が遅くなるのは輸送担当Bの書類の出来があまりにも酷く、管理官を〝管理管〟と書いたりするので、その手直しに時間がかかっていただけである。それで2人ともしっかり残業代を稼いでいる。

部門長が一通りの説明を終えたあと、担当者が「このような本を出して、基盤Gとの関係が悪くなると、仕事に支障はでませんか」と聞いた。私は「基盤Gにも技術的に確かな人はいますので、わからないことは聞いています。わだかまりは何もありません」と答えた。

それは事実だったが、一方で、基盤Gから私が頼りにしている技術参与が減りつつあるのも事実だった。むしろ、そのような人を狙い撃ちして、雇用契約を結ばない人事が行われていた。後に残るのは、丸投げの仕様書作りに長けた者ばかりである。

同席していた善良な部門長補佐は、何も言わなかった。３０分ほどで面談は終了した。

「結果については、今週中には知らせる」と部門長が事務的に言った。

面談後、私は水曜日に出勤し、通常の仕事をしながら、ときどき部門長ら3人の様子を窺ってみたが、何も変わりはないようであった。水曜日は何ごともなく過ぎ、木曜日は出勤せず、金曜日（3月１６日）に出勤したが、夕刻になってもなんの連絡もなかった。

今日は何もないかなと思って帰り支度を始めた午後6時頃、雇用継続するから、必要書類を提出するようにと、課長補佐からメールで連絡を受けた。席まで行って直接の会話はしなかった。「有り難うございました」と言うのもヘンな気がしたからである。

それで私は2018年度も勤務を続けることになった。規制庁としては太っ腹なところを見せたのかもしれない。もっとも、私の方も「真摯に規制業務に取り組む職員が年齢・階層を問わず存在している（前書188ページ）」と評価した面もあるので、放っておいても実害はないと思われたのかもしれない。部門長が説明してくれたように、幹部の中には「よく書いた」とは言わないまでも、前々から基盤Gを苦々しく思っている人がいて、陰で私を庇ってくれたのかもしれない。誰が見ても、基盤Gの丸投げ体質は異常であり、税金の無駄遣いであるから。

4月になって、宮尾記者が書評を書いてくれた。私は駅までそれが載った新聞を買いに行った。

○記者の一冊――技術者の良心（2018年4月15日　東京新聞　東京版朝刊）

原子力規制庁という組織は、五人の委員で構成する原子力規制委員会の「事務局」とされ、庶務部門のように扱われることが多い。だが実際は原発などの技術的審査を担う実動部隊であり、職員は千人以上、予算額は年間六百億円弱という大官庁である。

それだけの国費が動くところには、利権も生まれる。規制庁が外注する調査研究事業の入札で、特定業者とのなれ合いが横行し税金が無駄遣いされている――。そうした実態を、現職の技術参与である著者が実名で告発した。勇気に敬意を表したい。

規制庁の役割自体は、原発への賛否とは無関係に重要なものだ。だが、そこに税金を使う以上、透明性が求められるのは当然。本が出た直後に出版社で会った著者は「規制機関が不正な入札をしては信頼を失う。心ある職員の自覚を促したい」と訴えていた。同僚からは応援のメールも寄せられているという。

福島県の子どもに多発する甲状腺がんの問題も取り上げ、原発事故との因果関係を認めようとしない規制庁の姿勢を強く批判する。原子力に関わる技術者の良心だろう。

たいへん好意的な記事で有難いと思った。

宮尾記者の書評に続き、週刊新潮にも短い書評が載った。最初私はそれに気づかなかったが、私の高校時代の日経ＯＢの友人が知らせてくれた。

○週刊新潮　十行本棚　２０１８年４月１９日号　掲載

原子力規制庁で不正入札が行われていた。発注者・受注者の出来レースと官製談合の２件だ。本書は現役技術参与による内部告発の一部始終である。最初は無反応。受理された後も調査は一向に進まない。逆に国家公務員法違反の疑いをかけられた著者は反撃に出る。

これに対して、出版社と宮尾記者の反応は同じで、「原発推進の週刊新潮が取り上げるとは、面白いですね」というものだった。このほかにも出版社にはいくつかの反響が寄せられていた。

この間にも、出勤すれば事業者との面談があり、その中には、前書で事業者との癒着の例として挙げた「スラップダウン研究」の当事者との面談もあった。事業者は私が『てんまつ記』を出版したことを知っていると思うのだが、誰もが何も知らない素振りで普段どおりの顔を揃えている。全くの知らん顔である。見事なものである。ちょうどその日の質疑が、まさに輸送容器のスラップダウンに関するものであったにもかかわらず、である。もちろん、契約の不正に関して事業者には何の落ち度もないので、我関せず焉を貫くのは当然なのであるが。

基盤Gの「スラップダウン研究」では、２０１６年度に予備調査が２７、０００、０００円で行われ、２０１７年度には私の告発にもかかわらず、部分モデル試験が１６９、５６０、０００円で行われ、２０１８年度には４回の落下試験が１８９、９７２、０００円で行われ、合計で約４億円の国費が投じられている。この試験の結果、スラップダウン落下が生じても輸送容器の密封性に異常が生じないことが改めて確認されたので、コストに引き合うかどうかは別にして、技術的な観点からは全くの無駄な研究ではなかったと思っている。

しかし、多額の費用をかけて試験を行ったのであるから、試験結果を広く公表し、幅広い意見を聞いて、輸送容器の安全性の向上を図ることが基盤Gの務めだろうと思うのだが、基盤Gは規制庁の中ですら報告書の開示を渋り、私のいる規制部から報告書を見せるように何度も要求しても、なかなか出て来ない。基盤Gが研究を次のステップに進めるための調整会議の場で、報告書を出さないと来期のニーズはないと公言するぞと最後通牒を突きつけるとようやく出て来たのだが、その報告書を読んで疑問点を質問すると、今度はその回答が全く出てこない。

基盤Gは正式には技術基盤Gと言い、技術者集団のはずであるが、技術的な質問にも全く答えようとしない閉鎖性には閉口を通り越してあきれる。基盤Gの担当者に直接質問するとぽつぽつと回答が出てくるので、外部の批判を嫌うＪＮＥＳ（旧原子力安全基盤機構）伝統の隠蔽体質が染みついた管理者が途中で妨害しているのは明らかである。このような管理者がいる間は、改善の見込みがなく、このような状態が続くと管理者がいなくなる前に基盤Ｇがなくなるのではないか。私が心配する義理はないが、真面目な研究者を路頭に迷わせないように、古い管理者の排除が喫緊の課題である。

後始末の話のもうひとつは、貯蔵リスク情報である。

こちらの方も、前書で私が告発したにもかかわらず、２０１７年度の調査は中止にならなかった。その年度末には受託先である海上・港湾・航空技術研究所（海技研）から報告書が出されており、私はそれを読みたいと思ったが、ちょうど『てんまつ記』が書店に並んだ直後であり、当課の調整係に報告書入手の仲介を頼みにくく、その報告書は読んでいない。

調査の受注者である海技研としては、当然次年度も継続するつもりで報告書を書いたと思うのだが、２０１８年度になって4月、5月、6月が過ぎても、今年度の貯蔵リスク情報の入札公告はＨＰに載らなかった。それから1年たっても入札公告はなく、この調査は２０１７年度でやめたようである。やめた理由は私の告発以外には考えられず、この点で、私は幾分かの税金の無駄遣いを阻止したことになる。２０１６年度には１６、９３５、６０３円、２０１７年度には３０、２２５、３９６円が支出されていた。

そのかわり、同じ基盤Ｇの核燃料廃棄物部門から「平成三十年度設計事象を超えた輸送物の振る舞いに関する調査」という、新しい調査案件の引き合いが出された。輸送物の設計事象というのは、輸送物を設計する際のさまざまな設計条件のことであり、例えば火災事故では周囲の温度を８００℃と仮定することであるが、最近のトンネル火災で見られるように、それがもっと高温になった場合にどうなるかを調べるというものである。一見すると大事な研究のようだが、使用済燃料の輸送容器は日本ではトンネルを通らないので、実は全く意味のない研究である。おそらく仕様書を書いたのは貯蔵リスク情報を失注した穴埋めを狙う海技研であろうが、私の告発で痛い目にあった基盤Gでは本件を競争入札としたので、その結果、海技研ではなく某メーカーが落札してしまった。随意契約を仕組めなかった基盤Gに対し、海技研は憤懣やる方ないことであろう。某メーカーの受注高は14、040、000円である。

このほかにも規制庁のHPには、基盤Gのさまざまな調達情報が掲載されている。その中には官製談合や出来レースのような金銭面に関する不正以上に深刻な問題を抱えた調達もある。例えば、次のようなものである。

○調達仕様書（平成三十一年二月十四日）原子力規制庁技術基盤グループ

1．件名

平成31年度 技術基盤グループの安全研究支援のための人材派遣

2．目的

本事業は、人材派遣サービスを依頼することにより、技術基盤グループで行う安全研究業務を支援し、当該グループの業務に資することを目的とする。

3．業務内容、員数及び経歴・資格

（1）検査制度改正の業務

①業務内容：改正案や新旧対応表の作成、修正及び確認作業、他部門からのコメントに対応して資料を修正する作業、職員のコメントを資料に反映させる作業、資料内の同じ意味の用語を統一する作業、新旧二つの資料の変更箇所のリスト化、一つの資料の変更箇所を他の資料に反映させる作業、誤記のチェック、電話対応及びメールによる連絡調整、その他職員の指示に基づく関連業務

②員数：１名

③経歴・資格：法学部を卒業していること、もしくは社則等の組織内規定の制定に携わった経験があること（学歴もしくは経歴欄に該当する記載があること）。

調達の件名には安全研究の支援とあるが、その実態は業務内容からわかるとおり、役人の一番大事な法令作成業務を外部に丸投げしようとするものである。法令の改正案や新旧対応表の作成は、役人として基本中の基本の作業であり、このようなことまで外部に依存しなければならないということは、基盤Gの存在する意義がないことを端的に示している。仕様書の後半も掲げておく。

○調達仕様書つづき（平成三十一年二月十四日）原子力規制庁技術基盤グループ

（2）進捗管理等の業務

①総括業務の内容：他課室等からの業務依頼への対応：他課室等からの資料等の作成や確認、

その他の依頼を受けて、課内の担当班に業務を割り振る作業、担当者に確認する作業、締め切りまでに担当班から資料等を集める作業、集めた複数の資料を統合する作業、既存の資料を加工する業務、関連資料の修正及び確認作業、指揮命令者等の上司に報告、確認を受けること、期限内に資料を提出すること。他課室等からの事務連絡をメール等で課内の関係者にわかりやすく連絡、展開すること、課内からの依頼を受けて、他課室に作業もしくは確認の依頼をすること。庁内の関連部署への資料等の配布、受け渡し、庁内外の関係者の日程調整、上記の業務に係る電話対応及びメールによる連絡調整、文書の管理その他の庶務業務、その他職員の指示に基づく関連業務

②員数：4名

③経歴・資格：日商簿記検定試験三級以上を取得していること。ビジネス能力検定三級以上を取得していること。情報処理技能検定（表計算）三級以上を取得していること。

4．派遣労働者に求められる基本スキル

①ワード：文字の入力・修正、書式の変更、印刷設定、表の作成、コメントの追加、修正、後閲機能（校閲の間違いである。確かに校閲機能が必要である。筆者注）

②エクセル：文字の入力・修正、書式の変更、四則演算、基本的な関数

③パワーポイント：基本的なスライドの入力・作成、・グラフや画像データの挿入

④アウトルック：メールにファイルを添付、cc/bcc の使い分け、件名に重要な情報を入れる、本文で必要な情報を相手に伝えることができる

⑤適切な電話対応ができること

少し長く引用したが、総括業務の内容の細かさにはつい笑ってしまう。よくこれだけ業務を細分化して書けたものだと感心する。こんなに業務内容がわかっているなら自分でやったらよいと思うのだが、基盤GはJNES以来の伝統で、自分で何かをするということはないのである。こんなことなら、基盤Gの職員を能力のある派遣労働者とそっくり入れ替えた方がよいと思われる。

実は丸投げの体質は基盤Gに限らない。規制庁全体として、外部の人員に頼る体質が染みついている。派遣か正職員かを問わず、規制庁の職員募集は日常的にHPに掲載されている。

○原子力規制委員会行政職員（審査官・検査官）の公募について　平成三十一年二月一日

原子力規制行政の充実・強化を図るため、規制基準への適合性審査（耐震審査を含む）、原子力施設の保安検査、核物質防護措置の検査等を行う職員を募集します。

これは正職員の募集の例である。詳細は省略する（HPで検索すればわかる）が、規制庁で働く安全審査官、原子力運転検査官、原子力専門検査官及び核物質防護検査官を外部から調達しようというものである。基盤Gに大勢いる職員の誰一人として実際の規制業務の役に立たないから、規制庁の職務の根幹に関わる業務まで外部の人員に依存しなければならない。

この募集の資格要件には、技術的知見と経験のほか、原子力施設の緊急事態対応とか、サイバーセキュリティ対策ができることが挙げられているが、そんなことに適した人が普通の民間企業にいるはずがない。結局、このような募集に応じるのは、現在原子力企業の第一線で働いている人、例えば電力会社社員に限られると思われる。有り体に言えば、昨日まで規制庁の規制の対象であった人を引き抜いて、攻守所を変えて、今日からは規制側に回そうという、極めてお手軽な人員補強策である。

優れた企業人がこのような誘いに乗るとは思えないが、何らかの理由で会社に対して恨みのある者であれば、規制庁に入って会社に仕返しをしてやろうと考えて応募するかも知れない。しかし、正職員の募集の条件には「安全に対する強い使命感が求められます」という一文が必ずついている。意趣返しが目的であるような、浅薄な動機で応募する人物がこの条件をクリアするとは思えない。もっとも、使命感の有無をどうやって試験するのかわからないが。

基盤Gの丸投げ体質とか規制庁の人材枯渇の問題に対して、私のような非常勤の技術参与ができることは、せいぜい、問題の在りかを指摘して、規制庁内外の心ある人々の対応に期待することぐらいである。それに対して、私にも何とかできる身近な問題がひとつあった。2018年の秋口から、当課の係長よりこんなメールを貰うようになった。

○係長のメール

輸送担当Bさんが責任感及び当事者意識を持って担当業務に取り組んでいないのが常態化しており、班長と小職がそのフォローで時間を浪費することが多く、他業務に時間を割けずに途方に暮れております。小職からも注意しているのですが、事業者からの申請書も開かず、容器の安全解析書も読まず、面談録も内容を理解しないままデタラメを書き、体裁すら整っていないので、もはや手に負えない状態です。

ここで出てくる輸送担当Bとは、前書の輸送担当Bと同一人物である。私の雇用更新の面談で、部門長の説明にあった最低ペアの片割れである。前書で、国交省に戻ったと書いたが、1年後の2018年1月1日に再び規制庁の輸送班に戻って来たのである。いくら国交省の地方事務所で使い物にならなかったとしても、規制庁で再び引き取る義理はなく、私にはこの人事の真意がわからなかった。同じ班にいるので輸送担当Bの仕事ぶりは毎日目にすることになる。また、役目柄、輸送担当Bの文書チェックもしているので、係長の憤懣はよくわかる。係長もかなりきつく当たっており、輸送担当Bに日報を作らせて、業務の進み具合を毎日報告させているのだが、そのようなシステム的な対応では何も改善されず、かえってその報告に時間をとられて本来の業務が余計デタラメになるだけだった。

私はむしろ、業を煮やした係長が、もっと強く出ることを心配した。係長は現役の公務員であり、やれることには限界がある。度が過ぎるとこれからの長い公務員生活で、どこでどのような意趣返しに遭うかわからない。その点、正職員ではない私ならば誰に気兼ねすることもない。そこで私は文書チェックのやり方を変えた。今までは間違い箇所に二重線を引き、正しい表記に書き直していたのだが、このメールを貰ってからは、単に「正確に書くこと」と注釈するだけにした。これはかなりの効果があった。もちろん、相手が税金で養われている公務員であるから、このような対応をしたのである。

規制庁の職員が日常的に作る書類のひとつに、事業者との面談内容を記録する面談録がある。面談録は面談後1週間以内に作成し、HPに公開しなければならないのだが、私がチェックのやり方を変えたために、輸送担当Bの作る面談録は何度書き直しても正確なものにならず、そのうち時間切れで間違ったまま公開されることがたびたびであった。その度に私が間違いを指摘したので、輸送担当Bのデタラメぶりが次第に庁内へ知れ渡っていった。

なぜこのような人間が役所に居続けることができるのかを考えてみると、それは役所特有の事情によるものと思われた。役所では2、3年に1回の人事異動があり、数年経つと上司も部下もすっかり入れ替わることも珍しくない。それでも仕事が滞りなく続けられるのは、民間企業に較べると、職員に新しい任務に取り組む熱意があり、他人と相互理解を図れる素質があり、論理的な文章を書ける能力があるからだと思う。これは民間と役所の両方を経験した私の実感であるが、役人の方が優れていると言いたいのではない。役人は柔軟な対応力を備えているので、人が替わっても行政は継続していくが、それはうわべだけのことであり、実際には人が替わる度に場当たり的な対応がつぎはぎされるので、本来の目的が最後には全く違うものになるという弊害を指摘したいのである。

例えば、被災者支援の名目で20ミリシーベルトを帰還の基準とするという方針が掲げられると、最初の担当者は言われたとおりに法令を整備し、次の担当者は地域に入り込んで住民を説得し、その次の担当者は自主避難者への賠償は容認できないという裁判所への意見書を書いて、被災者を苦しめるようなことが起きる。

このように、管理者にも一般職員にも、どうせ少し待てば次のポストに移るのだからという諦念にも似た思いがあるから、少々気に障ることがあっても、管理者はあえて無能な者の排除に動かず、一方で、一般職員は持ち前の対応能力を発揮して無能な者の仕事までカバーしてしまう。その狭間で、無能な職員が生き残ることになる。今回のように、輸送担当Bの能力のなさが広く知れ渡るのは、極めて珍しいことなのである。

今回は、管理者も手を打たざるを得ず、輸送担当Bは2019年度の初めに異動になった。ただし、異動先は同じ規制庁内の別部門であり、出向元の国交省に戻ったのではなかった。そして、いずれにしても公務員の身分はそのままなので、税金の節約になったわけでもなかった。一見落着とはとても言い難い結末であるが、これより先は技術参与には如何ともし難いことである。

基盤Gの不正入札の告発が、つい横道にそれてしまったが、これから本書の本題に入りたい。

ICRP新勧告案

8月になって、「ICRPの新勧告についてパブリックコメントを出していただけませんか」という手紙がきた。前書を読まれて、基盤Gの法令違反よりも、福島の子どもたちの甲状腺がんについて、関心を持っていただいたようだった。仕事柄、ICRP（International Commission on Radiological Protection）の勧告は今までも目を通していたのだが、前回の勧告は十年以上も前で、最近はチェックしていなかった。ICRPのHPを見てみると、確かに次のようなコメント募集が出ていた。

○国際放射線防護委員会（ICRP）の新勧告案に対するコメント募集

ICRPは、「PUB1XX　大規模原子力事故における人と環境の放射線防護―PUB109と111の改訂―」について、コメントを募集しています。

締切は2019年9月20日です。

添付されている新勧告案（英文）は、要約と本文を合わせて60ページほどである。さらに、「チェルノブイリと福島」という表題の付録が30ページほどついている。パラパラとめくってみると、前回の2007年勧告（PUB103）で初めて目にした参考レベル（reference level）という用語があちこちにある。参考レベルとは基準値とは違うものであると強調されているが、今回の新勧告案では福島を名指しして年間20ミリシーベルトという参考レベルが勧告されている。この20ミリシーベルトが今の帰還政策の基準値と符合していることを考えれば、見過ごすことのできない勧告案である。「福島の子どもたちの甲状腺がんは被ばくの結果とは思われない」という、前書で批判したことも訂正されずにそのまま書かれている。確かにこれをこのまま認めるわけにはいかないと思った。

前書では、福島県立医大が原発事故と甲状腺がんの因果関係を認めないことを批判したのだが、それ以来、なぜ福島で甲状腺がんの発症が続くのだろうかと考えていた。厚生労働省が2016年（平成28年）12月に公開した「甲状腺がんと放射線被ばくに関する医学的知見について」という資料では、甲状腺がんの潜伏期間について、「甲状腺がんに関する個別文献では、チェルノブイリ原発事故後5年目から9年目の期間以降で甲状腺がん発生リスクが有意に増加したとするものがある」とされ、これによれば、事故から9年後の現在（2020年）でも発症する可能性はあることになる。

しかし、2011年の3月にヨウ素（ヨウ素131の半減期は8日）に被ばくして、細胞の一部が破損したことが、本当に今になって甲状腺がんの発症につながるのだろうか。潜伏期とはそういうものだと言われると返す言葉がないが、実際には、過去の被ばくによる影響のほかに、別の影響があるのではないか。別の影響とは、すなわち現在でも被ばくが続いていることによる影響である。現在でも福島の人々は年間20ミリシーベルトまでの被ばくを受けているのである。

ヨウ素から放出されるベータ線のエネルギーは0・6MeV（メガ電子ボルト）、ガンマ線のエネルギーは0・4MeVが主である。一方で、セシウム（セシウム137の半減期は30年）は各々0・5MeVと0・6MeVが主であり、細胞を破損する強さはヨウ素もセシウムもほぼ同じ程度と思われる。環境省の「放射線による健康影響等に関する統一的な基礎資料（平成30年度版）」によれば、「ヨウ素は甲状腺に蓄積し、セシウムは全身に分布する」ので、ヨウ素から出た放射線の方が甲状腺に当たる機会は大きいが、セシウムから出た放射線であっても甲状腺に当たれば同じように細胞を破損するのである。現在の甲状腺がんの発症は、もちろん潜伏期間を過ぎて顕在化していることを否定するものではないが、事故以来、20ミリシーベルトまでの被ばくを継続して受けていることも原因ではないのだろうか。

新勧告案にコメントをするために、まず過去の勧告の調べ直しから始めた。ICRPの勧告は、かつては原本も日本語版も一冊数万円で販売されていたが、2017年の4月から原子力規制庁が翻訳を担当し、公益社団法人日本アイソトープ協会のHPより無償でダウンロードできるようになった。

当然と言えば当然であるが、ひとまず原子力規制庁の英断と言えるであろう。すでに百以上の勧告が出ているが、そこから何々年勧告と呼ばれているものを選び出して、①被ばくの限度に対する考え方と、②その具体的な限度値、を書き抜き、それらがどのように移り変わってきたかを調べた。原文を尊重したので少し長い引用になるが、以下はその結果である。

ICRP勧告の移り変わり

○ICRPの勧告の移り変わり（PUB1からPUB111まで）

・1958年勧告（PUB1）

①「最大許容線量―一般論―」の項に「あらゆる線量をできるだけ低く（as low as practicable：ALAP）保ち、不必要な被ばくは全て避けること（段落45）」とある。

②「管理区域の周辺に住む小児を含む一般人に対する最大許容線量は、年間0・5レム（今の単位では5ミリシーベルト）とすべき（55）」とある。

・1965年勧告（PUB9）

①「制御できる線源からの被曝に関する線量の制限―一般論」の項に「いかなる不必要な被曝も避けるべきであること、および、経済的および社会的な考慮を計算にいれたうえ、すべての線量を容易に達成できるかぎり低く（as low as readily achievable：ALARA）保つべき（52）」とある。

②「公衆の構成員についての線量限度は、放射線作業者の1／10とする（43）」と、「放射線

作業者の最大許容線量は生殖腺、赤色骨髄に対し年間５レムとする（５６）」より、公衆の最大許容線量はＰＵＢ１と同じ年間０・５レム（５ミリシーベルト）のままである。

ＰＵＢ１のpracticableが、ＰＵＢ９ではreadily achievableに変わっているが、そこに大きな意味はないと思われる。「できる限り低く」というような定性的な努力目標では安全基準にはならないが、これは「限度値からできる限り低く」と解釈すべきと思われ、限度値は二つの勧告とも同じ年間０・５レムなので、ＡＬＡＰでもＡＬＡＲＡでも考え方は変わっていないと思われる。

・１９７７年勧告（ＰＵＢ２６）

①「線量制限の体系」の項に「どのような被曝をもたらす活動も、その利益あるいは可能な代替手段による利益との関連によって正当化できないものではないこと、避けえない被曝はどれも合理的に達成できるかぎり低く（as low as reasonably achievable）保つこと、受ける線量当量はある特定の限度を超えないこと、ならびに将来の発展について考慮が払われていることを保証することが主目的である（６８）」とある。

②「個人にかかわる放射線防護の目的には、放射線誘発がんに関する死亡のリスク係数は男女およびすべての年齢の平均値として約$10^{-2}Sv^{-1}$であると委員会は結論する（６０）」と、「$10^{-2}Sv^{-1}$のオーダーの全リスクという仮定は、公衆の個々の構成員の生涯線量当量を、一生涯を通して年あたり１ミリシーベルトの全身被曝に相当する値に制限することを意味する。委員会が勧告した１年につき５ミリシーベルト（０・５レム）という全身線量当量限度は、これと同程度の安全を確保するものであることがわかっているので、委員会は、これを引き続き用いることを

勧告する（119）」より、公衆の最大許容線量はPUB1から変わらず、年間0・5レム（5ミリシーベルト）のままである。

PUB9の readily が、PUB26では reasonably に変わっているが、許容線量値は二つの勧告とも同じ年間0・5レムなので、これも実際上の差異はないと思われる。この勧告の後の1986年にチェルノブイリ事故があったが、次の勧告においても被ばくの限度の考え方に変更はみられない。

・1990年勧告（PUB60）

①「放射線防護体系―防護の最適化」の項に「個人線量の大きさ、被ばくする人の数、および、受けることが確かでない被ばくの起こる可能性、の3つのすべてを、経済的および社会的要因を考慮に加えたうえ、合理的に達成できるかぎり低く（as low as reasonably achievable）保つべきである（112）」とある。

②「公衆の被ばくに関する限度は、1年について1ミリシーベルトの実効線量として表されるべきであることを勧告する。しかしながら、特殊な状況においては、5年間にわたる平均が年あたり1ミリシーベルトを超えなければ、単一年にこれよりも高い実効線量が許されることもありうる（192）」より、被ばくの限度に対するALARAの考え方は変わらず、一方で、被ばくの限度は、条件付きではあるが従来の年間5ミリシーベルトから年間1ミリシーベルトに引き下げられた。

チェルノブイリ事故により大勢の住民が被ばくしたことを踏まえて、集団線量を下げるために被ばくの限度を引き下げたのであれば、これは賢明な改正であると評価できる。ここまでは、ICRPは住民の放射線防護のために、本来の役割を果たしているように思われる。

・2007年勧告（PUB103）

まず、適用範囲として、「委員会は、今回、放射線被ばくが計画被ばく状況、緊急時被ばく状況及び現存被ばく状況として発生することがある状況を特徴付けるために、状況に基づいたアプローチを用いる（47）」とあり、3つの状況に分けて対応する方針が示されている。

①3つの状況に共通して、「放射線防護の諸原則—防護の最適化の原則」の項に「被ばくする可能性、被ばくする人の数、及びその人たちの個人線量の大きさは、すべて、経済的及び社会的な要因を考慮して、合理的に達成できる限り低く（as low as reasonably achievable）保たれるべきである（203）」とある。

②「計画被ばく状況における公衆被ばくに対しては、限度は実効線量で年1ミリシーベルトとして表されるべきであると委員会は引き続き勧告する。しかし、ある特別な事情においては、定められた5年間にわたる平均が年1ミリシーベルトを超えないという条件付きで、年間の実効線量としてより高い値も許容される（245）」と、「緊急時被ばく状況及び現存被ばく状況に対しては、委員会はその線量レベルを記述するために〈参考レベル〉という用語を提案する（226）」と、「参考レベルは急性若しくは年間のミリシーベルト単位の線量の値で表され、20より大きく100まで、1より大きく20まで、1以下、という3つのバンドがある（239、240、241）」より、被ばくの限度は、計画被ばく状況においては前回勧告の年間1ミリシー

ベルトのままであるが、緊急時被ばく状況と現存被ばく状況においては参考レベルの3つのバンドに置き換わっている。

・PUB109「緊急時被ばく状況における人々の防護のための委員会勧告の適用」2008年10月

2007年勧告（PUB103）の履行のためのガイダンスであり、参考レベルについて、「緊急時被ばく状況の参考レベルは、100ミリシーベルトまでの値に定められるかもしれないが、被ばくを低減させるための対策が大きな混乱を起こすかもしれないような、異常なまたは極端な状況では20〜100ミリシーベルトのバンドの上限に設定されることになろう（60）」とある。

・PUB111「原子力事故または放射線緊急事態後の長期汚染地域に居住する人々の防護に対する委員会勧告の適用」2008年10月

同じく、2007年勧告（PUB103）の履行のためのガイダンスであり、「現存被ばく状況の参考レベルについて、「汚染地域内に居住する人々の防護の最適化のための参考レベルは、このカテゴリーの被ばく状況の管理のためにPUB103で勧告された1〜20ミリシーベルトのバンドの下方部分から選択すべきであることを、委員会は勧告する。過去の経験は、長期の事故後の状況における最適化プロセスを拘束するために用いられる代表的な値が1ミリシーベルト／年であることを示している（50）」とある。

ここまでが過去の勧告の調査の結果である。これ以降、被ばくの限度に関する新しい勧告は刊行されず、今回の新勧告案の提示に至っている。
再度、各勧告の被ばくの限度を書き出してみると次のようになる。

1958年勧告（PUB1）　5ミリシーベルト
1965年勧告（PUB9）　5ミリシーベルト
1977年勧告（PUB26）　5ミリシーベルト
1990年勧告（PUB60）　1ミリシーベルト
2007年勧告（PUB103）3つの状況に対し、1、20、100ミリシーベルト

こうしてみると、1990年勧告でいったん1ミリシーベルトまで下げられた限度値が、2007年勧告で大きく引き上げられていることがわかる。この2007年勧告を読んだ当時、私は原子力安全・保安院にいたが、この大きな転換が自分に関係があるものとは思えず、状況が3つも作られてずいぶん複雑になったものだとは思ったが、緊急時被ばく状況も現存被ばく状況も当時の日本には存在せず、将来も存在しないものと思い、そこに高い限度値が設定されても注意を払わなかった。

しかし、福島の事故が起きて、この勧告の適用が現実のものになると、この勧告のおかしさがよくわかる。事故が起きたからといって人間の耐放射線性が向上するわけはなく、「状況」により基準値を変えることのおかしさは自明である。

遅ればせながら、この2007年勧告と新勧告案を一緒にしてコメントしようと思ったが、両方で200ページを超える分量であり、正当化・最適化・介入レベル・参考レベルといった用語が複雑に入り組んでいて理解に時間がかかり、なかなか筆が進まなかった。締切も気になったので、まず、新

勧告案について、原発事故とがんの因果関係を認めようとしない点をコメントすることにした。

新勧告案へのコメント

○新勧告案へのコメント　松田文夫　原子力規制庁（個人資格）８月２０日（原文は英文）

ＩＣＲＰは３２５４行において、福島県で見つかった小児甲状腺がんの症例は、事故後の放射線被ばくの結果とは思われない、という間違った主張をしています。

福島県では、甲状腺がんと診断された人が２０１９年３月末時点で累計１７３人になり、がんの疑いも含めると２１８人となりました。患者数は未だに増え続けています。この患者数を説明する原因として、原発事故以外に何か考えられるでしょうか。福島県の当局や専門家は、被ばく線量が明らかでないことを理由に、事故と甲状腺がんの因果関係を認めていません。しかし、２１８人という異常ながん患者の数を説明する原因が他に見当たらないならば、事故との因果関係を推定するのが合理的です。それなのに、福島県の当局や専門家は情報を隠し、原発事故を現地の人々とともに検討せず、説明もしない態度を貫いています。

ＩＣＲＰは２１８人もの子どもたちが甲状腺がんに罹患したことを知っていますか。その原因が原発事故による被ばくの結果ではないと、ＩＣＲＰはなぜ言えるのでしょうか。ＩＣＲＰの専門家も福島の専門家と同じ態度であれば、今、年間２０ミリシーベルトの基準値を決めても誰も信頼しないことでしょう。

ＩＣＲＰには、事故と甲状腺がんの因果関係を明らかにすることを望みます。

提出したとき、私のコメントは6番目だったが、その後、締切が10月25日まで延長されたこともあり、最終的には日本語のコメントだけでも200編近くになった。投稿者は医師や学者や避難住民やNPO代表の方など多岐にわたっており、本勧告案に対する国内の関心の高さがうかがわれた。私の見た限りでは、新勧告案に批判的なコメントが多く、中には2007年勧告（PUB103）に対する根本的な批判と思えるものも数編あった。コメントの一部を紹介する。

○新勧告案への国内のコメント

・現存被ばく状況の長期的目標値は、従来は年1ミリシーベルトとされていたが、新勧告案では1のオーダー（the order of 1 mSv）とされ、実質的に1～9ミリシーベルトの範囲の値に緩和されており、安全基準の大幅な後退である。

・この新勧告案は2007年勧告と同様に、20ミリシーベルトまでの放射能汚染地域に住民を住み続けさせるためのものである。実際に、国は20ミリシーベルトを超えなければ健康に問題なしとして避難指示を解除し、避難した住民への住宅支援を打ち切っている。年間の被ばく量を年間1ミリシーベルトまでとしていた1990年勧告に戻すべきである。

・個人線量計は環境放射能を過小評価する測定具であるので、帰還の推進を目的とした測定具として使うべきではない。

・長期的な低線量被ばくの影響を明らかにした最近の疫学データ（原爆被爆者の寿命調査、世界の核施設労働者の調査、CTによる小児ガンの調査など）が引用されていない。
・文科省の『放射線副読本』、復興庁の『放射線リスクに関する基礎的情報』にはICRP委員が関与しているが、低線量被ばくのリスクを軽視している。
・福島の状況については、SPEEDIが利用されなかったこと、ヨウ素剤が配布されなかったこと、避難住民がステークホルダーとして扱われていないこと、白血病・心筋梗塞・甲状腺がんなど様々な病気が発生していること、自主避難の権利を求める裁判が起こされていること等に触れるべきである。
・避難住民が国と東電を訴えた裁判で、被告の国が「自主的避難者の損害を認めることは、年20ミリシーベルトまでの被ばくを甘受している居住民の心情を害し、わが国の国土に対する不当な評価となるので容認できない」という倒錯した論理を主張していることを否定するべきである。
・新勧告案のタスクグループの甲斐倫明座長と本間俊充副座長は、それぞれ放射線審議会委員と原子力規制庁職員である。彼らは、原発事故の被災者が国と東京電力を訴えた裁判で、被災者の主張に反対する意見書を提出している。勧告を出す側と、勧告を受ける側が同じであれば利益相反であり、ICRPが標榜する独立性が失われている。

ここには私が感じていた問題点が全て網羅されており、もはや、私がコメントする点はないように思われた。新勧告案に対する多くのコメントを読んでいると、新勧告案自体よりも、その元となった

2007年勧告が、どのようにして国内の基準になったのかということの方が、私には気になった。

どのようにして、とは、どのような法律の手続きを踏んで、という意味である。15年近く役人をやっていると、何をみても法律の裏付けを確かめることが習性になっていた。この場合でも、その習性が頭をもたげた。20ミリシーベルトはどのようにして国内法令に取り入れられたのだろうか。試しに、「20ミリシーベルト」という用語で法律の検索をしてみると、この数値を明記している法律は見つからない。ということは、「20ミリシーベルト」という数字は法律に明記されないまま、つまり法的裏付けがないまま、被災者に押し付けられているのではないのだろうか。

私は前掲のコメントを出したことで最低限の義務を果たしたつもりになっていたが、20ミリシーベルトの法的裏付けを調べることが、新たに私の義務になった気がした。事故直後に20ミリシーベルトが除染の目安とされたとき、私はその数字の重要性を見逃していたが、今、この数値が福島の子どもたちの甲状腺がんの原因ではないかと気づいたとき、もう一度、その数字の法律上の根拠を確かめてみようと思ったのである。

2　1ミリシーベルトはどこに規定されているか

「はじめに」に書いたように、2011年4月末に、公衆被ばくの限度が1ミリシーベルトから20ミリシーベルトに引き上げられた。ここではまず、引き上げ前の公衆被ばくの限度である1ミリシーベルトが、どのように法令に規定されているかを明らかにしたい。1ミリシーベルトの規定のされ方が、次章で示す20ミリシーベルトの規定のされ方に類似しているからである。

事故前の公衆被ばくの限度が1ミリシーベルトであることは、たいていの教科書や参考書に書かれている。例えば、「原子力教科書・放射線安全学」(小佐古敏荘編著、平成25年5月20日、オーム社)には、次のように書かれている。

○「原子力教科書・放射線安全学」による公衆被ばくの限度

公衆被ばくに対する法令による規制値(一般公衆に対する線量限度)は、
実効線量限度1ミリシーベルト/年、
皮膚の等価線量限度50ミリシーベルト/年、
眼の水晶体の等価線量限度15ミリシーベルト/年、とされている。

この記載は、公衆被ばくに対する被ばくの限度を説明しているのであるが、一読して、不可解な感じがしないだろうか。この規定は、私たちのような一般公衆に対して「実効線量は年間1ミリシーベルト以下にしなければならない」と義務づけているように思われるが、そうだとするとそれはできない相談である。なぜなら、車の速度制限を守ることとは異なり、私たちには実効線量を管理する手段がないので、1ミリシーベルト以下にしろ、と言われても、それを具体的に実行する方策がないからである。

それとも、この規定は国に対する義務が書いてあるのだろうか。「国は一般公衆の実効線量を年間1ミリシーベルト以下にしなければならない」と言っているのだろうか。もしそうであれば、なぜこのように直接的に書かずに、主語を明確にしないで、受身形で「されている」というような、あいまいな言い方をするのだろうか。

この規定の出典を調べようとしても、小佐古教授の本には参考文献の記載がない。仕方なく、それらしい法令をネット上の日本政府のe-Gov等で検索しても、これの根拠に該当する法令はなかなか見つからない。

答えを先に言ってしまうと、この規定は私たちのような一般公衆に義務を課したものでもなく、また、国に対して義務を課したものでもないのである。

日本では、放射性物質の取り扱いは全て許可制であり、国の許可を得た者しか取り扱うことができない。放射性物質の周りは使用禁止の高い壁に覆われており、ところどころに法律が穴を開けて使えるようにしているのである。放射性物質の取扱いの許可を受ける者は、放射性物質を使って何らかの事業を行い、利益を得ようとする者であるから、法令ではそのような者を事業者と呼んでいる。必ずしも営利目的ではなく、医療とか研究の目的で放射性物質を取り扱おうとする者は使用者と呼ばれるが、使用者も広い意味で利益を得ようとする者に含めて、一括して事業者等と呼んでいる。

小佐古教授が記載した規制値は、国の許可を得た者、すなわち事業者等がその従業員に被ばくを伴う作業をさせる際の、被ばくの限度値なのである。正確に言うと、事業所の外側の周辺監視区域における従業員の被ばくの限度を規定したものなのである。あくまで、従業員に対する被ばくの限度の規定であるから、そこには一般公衆に対する規定は記されていない。一般公衆は周辺監視区域のさらに外側に居住しているから、周辺監視区域より線量が高くなることはないだろうという予測のもとに、周辺監視区域の被ばくの限度をもって一般公衆の被ばくの限度とみなされているのである。そして、その限度を守るように義務づけられているのは、あくまで事業者等なのである。

ここまででも、「周辺監視区域」とは何かとか、「実効線量」と「等価線量」の違いなど、補足的な説明が必要と思われることは多いのだが、それらは後述することとして、まず、具体的に1ミリシーベルトが法令のどこに書かれているかを見てみたい。

東電の福島原発など、電力会社の原発を規制する省令として、次の規則（通称「実用炉規則」）がある。

実用炉規則

○実用発電用原子炉の設置、運転等に関する規則

（昭和五十三年十二月二十八日号外通商産業省令第七十七号）

核原料物質、核燃料物質及び原子炉の規制に関する法律（昭和三十二年法律第百六十六号）及び核原料物質、核燃料物質及び原子炉の規制に関する法律施行令（昭和三十二年政令第三百二十四号）中実用発電用原子炉の設置、運転等に関する規定に基づき、及び同規定を実施するため、実用発電用原子炉の設置、運転等に関する規則を次のように制定する。

実用発電用原子炉の設置、運転等に関する規則

（適用範囲）
第一条　この規則は、実用発電用原子炉及びその附属施設について適用する。

（定義）
第二条　この規則において使用する用語は、核原料物質、核燃料物質及び原子炉の規制に関する法律（以下「法」という。）において使用する用語の例による。
2　この規則において、次の各号に掲げる用語の意義は、それぞれ当該各号に定めるところによる。
一　「放射線」とは、原子力基本法（昭和三十年法律第百八十六号）第三条第五号に規定する放射線又は一メガ電子ボルト未満のエネルギーを有する電子線若しくはエックス線であって、自然に存在するもの以外のものをいう。
二　「放射性廃棄物」とは、核燃料物質及び核燃料物質によって汚染された物で廃棄しようとするものをいう。
三　「燃料体」とは、発電用原子炉に燃料として使用できる形状又は組成の核燃料物質をいう。
四　「管理区域」とは、炉室、使用済燃料の貯蔵施設、放射性廃棄物の廃棄施設等の場所であって、その場所における外部放射線に係る線量が原子力規制委員会の定める線量を超え、空気中の放射性物質（空気又は水のうちに自然に含まれているものを除く。以下同じ。）の濃度が原子力規制委員会の定める濃度を超え、又は放射性物質によって汚染された物の表面の放射性物質の密度が原子力規制委員会の定める密度を超えるおそれのあるものをいう。

五　「保全区域」とは、発電用原子炉施設の保全のために特に管理を必要とする場所であって、管理区域以外のものをいう。

六　「周辺監視区域」とは、管理区域の周辺の区域であって、当該区域の外側のいかなる場所においてもその場所における線量が原子力規制委員会の定める線量限度を超えるおそれのないものをいう。

七　「放射線業務従事者」とは、発電用原子炉の運転又は利用、発電用原子炉施設の保全、核燃料物質又は核燃料物質によって汚染された物の運搬、貯蔵、廃棄又は汚染の除去等の業務に従事する者であって、管理区域に立ち入るものをいう。

最初から長い引用になってしまったが、法令に馴染みのない読者もいると思うので、冒頭の制定文（制定の根拠と目的を記した部分）、第一条及び第二条の全文を引用してみた（傍点筆者）。制定文からわかるように、これは「法律」ではなくて「規則」である。その違いは、本章の最後で補足説明する。

ここで重要な条文は、第二条第2項第四号の「管理区域」と、同条同項第六号の「周辺監視区域」である。しかし、各条文に「管理区域」及び「周辺管理区域」の定義は書かれているものの、具体的な線量限度の数値については「原子力規制委員会の定める線量」とのみ書かれていて、その値が書かれていない。このようなことは、実はよく見られることであり、具体的な事項は法令のレベルが一段下がった告示に書かれることが多い。ここでも、具体的な数値は次の告示に書かれている。

○核原料物質又は核燃料物質の製錬の事業に関する規則等の規定に基づく線量限度等を定める告示（平成二十七年八月三十一日号外原子力規制委員会告示第八号）

この告示を検索してみると、制定文が異様に長いことがわかる。制定文が長い理由は、それまでさまざまな事業ごとに定められていた線量限度告示が２０１５年（平成２７年）８月３１日に、この告示に一本化された経緯が書いてあるからである。さまざまな事業とは次のとおりである。

・核原料物質又は核燃料物質の製錬の事業に関する規則（製錬事業者）
・試験研究の用に供する原子炉等の設置、運転等に関する規則（試験研究用等原子炉設置者）
・核燃料物質の使用等に関する規則（使用者）
・核燃料物質の加工の事業に関する規則（加工事業者）
・核原料物質の使用に関する規則（使用者）
・使用済燃料の再処理の事業に関する規則（再処理事業者）
・実用発電用原子炉の設置、運転等に関する規則（発電用原子炉設置者）
・核燃料物質又は核燃料物質によって汚染された物の第二種廃棄物埋設の事業に関する規則（＊）
・核燃料物質又は核燃料物質によって汚染された物の廃棄物管理の事業に関する規則（＊）
・使用済燃料の貯蔵の事業に関する規則（使用済燃料貯蔵事業者）
・核燃料物質又は核燃料物質によって汚染された物の第一種廃棄物埋設の事業に関する規則（＊）

ここで、括弧内は各規則が適用される事業者の名称であり、総称して原子力事業者等と呼んでいる。（＊）は（廃棄事業者）を示す。日本には、製錬事業者はいないが、他の事業者は各地にいる。

これらの事業別に、「何々事業に関する規則に基づく線量限度等を定める告示」が個々に制定されていたのだが、そこに添付されている核種ごとの濃度限度等を記した長尺な表はみな同じものなので、主管庁が原子力規制委員会に一本化されたところで、告示も製錬事業等告示に一本化されたものと思われる（以前は主管庁が経産省と文科省に分かれていた）。

この告示は制定文中だけでなく、各条文においても、本告示を引用している各事業規則の名称と条番号を逐一引用して記載しており、きわめて冗長であるので、ここでは実用炉規則に関する部分のみを抜き出して、「管理区域」と「周辺監視区域」の線量限度についてどのように書かれているかを見てみる。

線量限度等告示

○核原料物質又は核燃料物質の製錬の事業に関する規則等の規定に基づく線量限度等を定める告示

（平成二十七年八月三十一日号外原子力規制委員会告示第八号）

実用発電用原子炉の設置、運転等に関する規則（昭和五十三年通商産業省令第七十七号）第二条第二項第四号及び第六号の規定に基づき、実用発電用原子炉の設置、運転等に関する規則第百三十六条第一項、第百三十九条第一項、様式第二の注4及び様式第八の備考4の規定を実施するため、核原料物質又は核燃料物質の製錬の事業に関する規則等の規定に基づく線量限度等を定める告示を次のように定め、平成二十八年四月一日から適用する。

なお、実用発電用原子炉の設置、運転等に関する規則の規定に基づく線量限度等を定める告示（平成十三年経済産業省告示第百八十七号）は、平成二十八年三月三十一日限り、廃止する。

（管理区域に係る線量等）

第一条　実用発電用原子炉の設置、運転等に関する規則（以下「実用炉規則」という。）第二条第二項第四号の原子力規制委員会の定める線量、濃度（核燃料物質使用規則第二条の五第二十八号イについては、管理区域内の人が常時立ち入る場所の空気中に係るものに限る。）又は密度は、次のとおりとする。

一　線量については、三月間につき一・三ミリシーベルト

二　濃度については、三月間についての平均濃度が第六条第一号から第四号までに規定する濃度の十分の一

三　密度については、第四条に規定する表面密度限度の十分の一

2　前項の場合において、同一の場所に外部放射線と空気中の放射性物質とがあるときは、外部放射線に係る三月間の線量又は空気中の放射性物質の三月間についての平均濃度のそれぞれの同項第一号の線量又は同項第二号の濃度に対する割合の和が一となるようなその線量又は濃度をもって、それぞれ同項第一号の線量又は同項第二号の濃度に代えるものとする。

（周辺監視区域外の線量限度）

第二条　実用炉規則第二条第二項第六号の原子力規制委員会の定める線量限度は、次のとおりとす

る。

一　実効線量については、一年間（四月一日を始期とする一年間をいう。以下同じ。）につき一ミリシーベルト

二　皮膚の等価線量については、一年間につき五十ミリシーベルト

三　眼の水晶体の等価線量については、一年間につき十五ミリシーベルト

2　前項第一号の規定にかかわらず、原子力規制委員会が認めた場合は、実効線量について一年間につき五ミリシーベルトとすることができる。

この第二条の「周辺監視区域外の線量限度」に至って、ようやく、小佐古教授の教科書に記載されていた、「公衆被ばくに対する法令による規制値（一般公衆に対する線量限度）は、実効線量限度1ミリシーベルト／年」にたどりついたが、いままで見てきたように、この教科書の記載は正確ではなく、「公衆被ばくに対する法令による規制値」というものは実は存在せず、実際には周辺監視区域外の線量限度が規定されているだけなのである。一般公衆が居住するのは周辺監視区域の外であるから、一般公衆に対する線量限度でも、周辺監視区域の外の線量限度でも、どちらも同じようなものだと言われるかもしれないが、

・一般公衆に対して被ばくの限度を定めている法令はない。

・周辺監視区域の外の線量限度を守ることは事業者に対して義務づけられている。

・その線量限度は、実効線量で年間1ミリシーベルトである。

ということは重要な点である。

ここまでで、第2章で言いたいことは終わりであるが、いくつかの事項について補足的な説明を加えておきたい。

定義に関することでは、「管理区域」と「周辺監視区域」については、すでに実用炉規則に定義が書かれていた。管理区域の線量については、線量限度等を定める告示に規定があり、三月間につき1・3ミリシーベルトとされているが、これを年間に換算すれば4倍の5・2ミリシーベルトである。放射線作業者のための管理区域でさえ5・2ミリシーベルトに制限されているのに、福島では子どもたちに20ミリシーベルトまで被ばくさせようとしているのである。

「実効線量」と「等価線量」の定義については、ICRPの1990年勧告（PUB60）に用語解説がある。本来であれば、これらの定義も法令に書き込むべきと思うが、国内法令にはない。「公衆被ばくに対する実効線量限度1ミリシーベルト／年」は1990年勧告に基づいて国内法令に取り入れられたので、関連する用語もこの勧告を参照しろということかもしれない。

実効線量と等価線量

○1990年勧告による実効線量等の定義

・実効線量：E（Effective dose）

人体のすべての特定された組織及び臓器における等価線量の組織加重合計であって、次の式で

表される：$E=\sum w_T \sum w_R D_{T,R}$　又は$E=\sum w_T H_T$

ここで、H_T又は$w_R D_{T,R}$は組織又は臓器Tの等価線量、w_Tは組織加重係数である。実効線量の単位は吸収線量と同じ$J\ kg^{-1}$、特別な名称はシーベルト（Sv）である。

・等価線量：HT（Equivalent dose）

次の式で与えられる組織又は臓器Tの線量：$H_T = \sum w_R D_{T,R}$

ここで、$D_{T,R}$は組織又は臓器Tが放射線Rから受ける平均吸収線量、w_Rは放射線加重係数である。w_Rは無次元量なので、等価線量の単位は吸収線量と同じく$J\ kg^{-1}$、また特別の名称はシーベルト（Sv）である。

・放射線加重係数：wR（Radiation weighting factor）

低LET放射線と比べ、高LET放射線の高い生物学的効果を反映させるために、臓器又は組織の吸収線量に乗じる無次元の係数。ある組織又は臓器にわたって平均した吸収線量から等価線量を求めるために用いられる。（光子では1、中性子ではエネルギーによって異なり、100 keVから2 MeVまでは20である。）

・組織加重係数：wT（Tissue weighting factor）

身体への均一照射の結果生じた健康損害全体に対する組織又は臓器の相対的寄与を表現するために、組織又は臓器Tの等価線量に加重する係数。（生殖腺では0・20、甲状腺では0・05である。）それは次式のように加重される：$\sum w_T=1$

ＩＣＲＰの定義をそのまま書くと、このようになる（一部については２００７年勧告で補足）。

等価線量とは個々の臓器が受ける線量に対し、高ＬＥＴ放射線が持つ高い生物学的効果を反映させた線量であり、実効線量とは個々の臓器の等価線量に相対的寄与を考慮して人体全体で合計した線量であると言えると思うが、一般公衆にはわかりにくいものである。放射線加重係数と組織加重係数については１９９０年勧告の値をカッコ内に付記しておいたが、個々の臓器毎にこれらの係数が明確に決まるとも思えず、その信憑性についてはわからない。

ここで言いたいことは、「等価線量」が用いられるのは周辺監視区域の定義においてのみであり、そのほかの被ばく限度は、すべて実効線量が用いられているということである。本書でも、断らない限り、線量と言えば実効線量のことである。

次に補足しておきたいことは、４３ページで「日本では、放射性物質の取り扱いは全て許可制であり、国の許可を得た者しか取り扱うことができない」と述べた点である。この点については、国の原子力の研究、開発及び利用に関する基本事項を定めている原子力基本法にその根拠がある。

原子力基本法

○原子力基本法（昭和三十年十二月十九日法律第百八十六号）

第一章　総則

（目的）

第一条　この法律は、原子力の研究、開発及び利用（以下「原子力利用」という。）を推進することによって、将来におけるエネルギー資源を確保し、学術の進歩と産業の振興とを図り、もつて人類社会の福祉と国民生活の水準向上とに寄与することを目的とする。

（核燃料物質に関する規制）

第十二条　核燃料物質を生産し、輸入し、輸出し、所有し、所持し、譲渡し、譲り受け、使用し、又は輸送しようとする者は、別に法律で定めるところにより政府の行う規制に従わなければならない。

（放射線による障害の防止措置）

第二十条　放射線による障害を防止し、公共の安全を確保するため、放射性物質及び放射線発生装置に係る製造、販売、使用、測定等に対する規制その他保安及び保健上の措置に関しては、別に法律で定める。

原子力基本法第十二条では、核燃料物質を取り扱う者は別に法律で定めるところにより規制されるとしており、この別の法律というのが「核原料物質、核燃料物質及び原子炉の規制に関する法律」、通称「炉規法」である。この法律に基づいて各原子力事業者を規制しているのがそれぞれの事業に関する規則であり、例えば、原子炉設置者を規制しているのが先に引用した実用炉規則である。実用炉規則に基づき、線量限度等を定める告示において、周辺監視区域の外の線量を年1ミリシーベルト以下とするように事業者に義務づけており、これによって間接的に、一般公衆の被ばくの限度が年1ミリシーベルト以下になっていたことは、今まで見てきたとおりである。このような規制の仕方は、そのほかの事業の規則についても同じである。

一方で、原子力基本法第二十条に基づいて、放射性物質及び放射線発生装置の取り扱いを規制しているのが「放射性同位元素等の規制に関する法律」である。人が被ばくする可能性としては、自然放射線によるものを除けば、核燃料物質（核原料物質を含む）によるものと、放射性同位元素（放射線発生装置を含む）によるものしかなく、法律についても、核燃料物質を規制する法律と、放射性同位元素を規制する法律の2つがあれば十分である。

ここで、核燃料物質も放射性同位元素の一種だから、放射性同位元素を規制する法律に核燃料物質を含めて一本化すればよいではないかと、疑問を持たれる方も多いと思う。まさにそのとおりであるのだが、法律の世界では、核燃料物質と放射性同位元素は区別されて扱われており、何と常識に反して、核燃料物質を規制する炉規法の方が取り扱う核種が多くなっているのである。

核燃料物質の定義としては、「核燃料物質、核原料物質、原子炉及び放射線の定義に関する政令（昭和32年政令第325号）」において、「トリウム、ウラン、プルトニウム及びそれらの化合物」と定められているのであるが、炉規法ではこの3元素のみを扱っているのではなく、「核燃料物質又は核燃料物質で汚染された物」という言い方で、この3元素に加えて、核分裂生成物、超ウラン元素などあらゆる元素の同位体を扱っているのである。その核種の数は、例えば、核燃料物質の運搬関係の法令では短半減期の核種を除き、トリチウム3からカリフォルニウム254まで、合計383核種を扱っている。

一方で、「放射性同位元素等の規制に関する法律」では、核燃料物質であるトリウム（同位体数は8）、ウラン（同位体数は20）、プルトニウム（同位体数は8）が対象から除かれており、放射性同位元素の運搬関係の法令では、炉規法で扱う383核種より36核種少ない合計347核種が扱われている。こちらの方が対象とする核種の数は少ないのである。

今まで炉規法と実用炉規則に基づいて、「実効線量限度1ミリシーベルト／年」がどのように扱われているかを見てきたが、「放射性同位元素等の規制に関する法律」ではどのように扱われているかを見ておきたい。普通に生活する一般公衆が、核燃料物質と放射性同位元素以外の線源から被ばくする可能性はないので、そのほかの法律を見る必要はない。自然放射線による被ばくは法律による規制の対象ではない。

「放射性同位元素等の規制に関する法律」というのは聞き慣れないかもしれない。この法律は平成29年4月14日にこの名称に改名されるまでは「放射性同位元素等による放射線障害の防止に関する法律」（通称「放射線障害防止法」）という名称であった。法律名の改正の施行日は、平成31年9月1日である。法律名まで変える改正は珍しいが、放射線から障害のイメージを何とかして払拭したい配慮があるのかもしれない。

同位元素の規制についても、最初に答えを書いておくと、核燃料物質の例と同じく、同位元素を使用する事業者に対して、事業所等の境界の外における線量を1ミリシーベルト以下とすることを義務づけることによって、間接的に一般公衆の被ばくの限度が1ミリシーベルト以下になっているのである。

まず、「放射性同位元素等の規制に関する法律施行規則」において、「廃棄施設の基準」及び「廃棄の基準」として、事業所等の境界の外における線量を原子力規制委員会が定める限度以下にすることが定められており、次に、「放射線を放出する同位元素の数量等を定める告示」において、原子力規制委員会の定める限度とは1ミリシーベルトであると定められているのである。一般公衆が放射性同位元素に接触する機会は、放射性同位元素が廃棄される場合に限られるので、「廃棄施設の基準」及び「廃棄の基準」を確認しておけば十分である。

放射性同位元素規則

○放射性同位元素等の規制に関する法律施行規則

（制定：昭和35年9月30日号外総理府令第56号）

（最終改正：令和1年7月1日号外原子力規制委員会規則第3号）

（廃棄施設の基準）

第十四条の十一　法第六条第三号及び法第七条第三号の規定による廃棄施設の位置、構造及び設備の技術上の基準（廃棄物埋設地に係るものを除く。）は、次のとおりとする。

第四号ハ(3)　(1)又は(2)の能力を有する排気設備を設けることが著しく困難な場合にあつては、排気設備が事業所等の境界の外における線量を原子力規制委員会が定める線量限度以下とする能力を有することについて、原子力規制委員会の承認を受けていること。

第五号イ(3)　(1)又は(2)の能力を有する排水設備を設けることが著しく困難な場合にあつては、排水設備が事業所等の境界の外における線量を原子力規制委員会が定める線量限度以下とする能力を有することについて、原子力規制委員会の承認を受けていること。

（廃棄の基準）

第十九条　許可使用者及び許可廃棄業者に係る法第十九条第一項の原子力規制委員会規則で定める技術上の基準（第三項に係るものを除く。）については、次に定めるところによるほか、第十五条第一項第三号、第四号から第十号まで、第十一号及び第十二号の規定を準用する。

第二号ハ　第十四条の十一第一項第四号ハ(3)の排気設備において廃棄する場合にあつては、排気中の放射性同位元素の数量及び濃度を監視することにより、事業所等の境界の外における線量を原子力規制委員会が定める線量限度以下とすること。

第五号ハ　第十四条の十一第一項第五号イ(3)の排水設備において廃棄する場合にあつては、排水中の放射性同位元素の数量及び濃度を監視することにより、事業所等の境界の外における線量を原子力規制委員会が定める線量限度以下とすること。

○放射線を放出する同位元素の数量等を定める件

（平成十二年十月二十三日号外科学技術庁告示第五号）

（排気又は排水に係る放射性同位元素の濃度限度等）

第十四条

２　規則第十四条の十一第一項第四号ハ(3)及び第五号イ(3)に規定する線量限度は、実効線量が一年間につき一ミリシーベルトとする。

4　規則第十九条第一項第二号ハ及び第五号ハに規定する線量限度は、実効線量が四月一日を始期とする一年間につき一ミリシーベルトとする。

このように、同位元素についても事業所等の境界の外における線量を年間1ミリシーベルト以下とするように事業者に義務づけることによって、間接的に一般公衆の被ばくの限度が年1ミリシーベルト以下になっているのである。

ここまで原子力基本法に基づく法律に基づいて、「一般公衆の被ばくの限度が1ミリシーベルト以下」ということがどのように書かれているかを見てきたが、労働安全衛生法に基づく法律にも被ばくの防止について書かれているものがある。

電離放射線障害防止規則

○電離放射線障害防止規則

（昭和四十七年九月三十日号外労働省令第四十一号）

労働安全衛生法（昭和四十七年法律第五十七号）及び労働安全衛生法施行令（昭和四十七年政令第三百十八号）の規定に基づき、並びに同法を実施するため、電離放射線障害防止規則を次のように定める。

（放射線障害防止の基本原則）

第一条　事業者は、労働者が電離放射線を受けることをできるだけ少なくするように努めなければならない。

この法律でも、事業者が労働者の被ばくを防ぐことは義務であることが定められているが、あくまで労働者を対象にするものであって、一般公衆に対しての規定はない。

補足がずいぶん長くなってしまった。最後の補足として、法令の構成を説明しておきたい。これこそ専門の方には読み飛ばしていただいて構わない。

今まで「法令」という用語を断りなく使用してきたが、「法令」とは、法律、政令、省令、告示を総称する呼び方である。時には、通達、要領などまで含めることもある。「法令」の中でも、法律とそれ以下の法令ではその重みに雲泥の差がある。この中で国民に義務を課したり、違反したら罰則を科したりできるのは法律だけである。法律は国民の代表である国会議員が国会で決めたものであるので、そこで決められた法律には国民は従わざるを得ない。法律に従わずに罰金を払わされてから、そんな決まりは知らなかったと文句を言っても、そんな法律を作った国会議員を選んだオマエが悪いと言われてそれまでである。

法律より下のレベルの政令（内閣が制定する命令）、省令、告示、通達、要領は国民の代表ではない役人が書いたものであり、それだけではただの作文であるが、通常、各省令等の冒頭には、それらの省令等に国民を従わさせる根拠が書かれており、国民は従わざるを得ないようになっている。それが制定文であり、例えば先に引用した実用炉規則で再確認すると、以下のようである。

・「実用発電用原子炉の設置、運転等に関する規則」の制定文
（昭和五十三年十二月二十八日号外通商産業省令第七十七号）

　核原料物質、核燃料物質及び原子炉の規制に関する法律（昭和三十二年法律第百六十六号）及び核原料物質、核燃料物質及び原子炉の規制に関する法律施行令（昭和三十二年政令第三百二十四号）中実用発電用原子炉の設置、運転等に関する規定に基づき、及び同規定を実施するため、実用発電用原子炉の設置、運転等に関する規則を次のように制定する。

　制定文では、「法律もしくは政令の規定に基づき、その規定を実施するため」というのが決まり文句であるが、ここでもその言い方が使われている。この一文によって、これは規則であっても、法律と同等の強制力を持つことを宣言しているのである。そう言われると国民は従わざるを得ない。なお、通商産業省は今は経済産業省であるが、法令には作成時の年月日と官庁名が記されることになっている。省令は「規則」と呼ばれることが多く、この省令は今では原子力規制委員会規則である。ずいぶん補足が長くなったので、再度第2章で言いたいことをまとめておく。

　日本では、被ばくの原因となる核燃料物質及び放射性同位元素が一般公衆の生活環境に存在していることは考えなくてもよい。なぜなら、核燃料物質及び放射性同位元素はそれらを利用する事業者の施設内の管理区域に厳重に保管することが事業者に義務づけられており、さらに、周辺監視区域の外あるいは事業所の外における線量限度について年間1ミリシーベルト以下にすることが事業者に義務

づけられているからである。

従って、一般公衆が町中を歩いていて被ばくするようなことはあり得るはずはなく、従って、一般公衆に対する被ばくの限度を規定する必要はなく、従って、一般公衆に対する被ばくの限度を規定する法律はないのである。

これが日本の法律の体系であり、「一般公衆は被ばくしないこと」が原則になっているのである。本書の「はじめに」で「一般公衆の被ばくの限度は年間1ミリシーベルトまでであった」と言ったが、これは「一般公衆は被ばくしないことが原則であった」とする方が正しい言い方である。

福島の事故の後でも、ここで引用した法令は変わっていない。

3　20ミリシーベルトは誰が決めたのか

前章の最後で、「一般公衆が町中を歩いていて被ばくするようなことはあり得ない」と言ったが、福島の事故の後では「一般公衆が町中を歩いていると20ミリシーベルトまで被ばくする」ことが当たり前になってしまった。これは明らかに、周辺監視区域の外の線量を年1ミリシーベルト以下とするように事業者に義務づけている実用炉規則違反であるが、炉規法には罰則規定があるにもかかわらず、事業者である東京電力の責任者は罪に問われていない。なぜだろうか。

まず、20ミリシーベルトがどのようにして国内の法令に取り入れられたのか、そこから見て行きたい。

一般公衆の被ばく量が大きな問題になってきたのは、事故後の原子炉への放水や燃料プールへの給水措置が一段落し、事故の進展に一応の歯止めがかかった2011年3月末頃である。

まず、問題になったのは4月からの新学期を控えた子どもたちへの対応である。

3月30日、福島県教育委員会は、福島第一原発から20~30キロメートル圏内の学校を再開するに当たり、再開の目安となる放射線の基準を早急に提示するよう、原子力災害現地対策本部に要請した。現地対策本部ではこの要請を文部科学省に伝え、文科省は原子力安全委員会及び官邸の原子力災害対策本部を交えて検討することになった。官邸の緊急参集チームは、区域内の学校の放射線量を緊急に測定した上で、原子力安全委員会に評価を依頼することにした。

4月5日（火）に文科省、現地対策本部及び福島県により学校の空間線量率の測定が行われた。文科省は、そのデータを原子力安全委員会に提供し、4月6日（水）に原子力安全委員会に学校の再開の可否について助言を求めた。それが次の文書である。なお、頭書きの部分は表記を変えている。

文科省と原安委の折衝

○文科省から原子力安全委員会への助言依頼（その1）

【日時】平成23年4月6日事務連絡
【宛先】原子力安全委員会
【発出】文部科学省原子力災害対策支援本部
【件名】原子力安全委員会からの助言について（依頼）

下記の件につきまして、原子力安全委員会の助言をいただきたく伺います。

件名：福島県内の小学校等の再開に当たっての安全性について（その1）
内容：別添の小学校等を再開してよいか、助言いただきたく伺います。以上

（注）この後、データを入手し次第お送りいたします。

空間線量率の測定は引き続き4月7日（木）にかけて行われ、福島県内の小学校、中学校、幼稚園、保育所、養護学校の校庭・園庭を対象にした計1428箇所のデータが、順次、原子力安全委員会に報告された。

この助言依頼（その1）に対する原安委の最初の回答は次のとおりである。

○原子力安全委員会から文科省への助言回答（その1）

【日時】平成23年4月6日19時50分
【宛先】文部科学省原子力災害対策支援本部
【発出】原子力安全委員会緊急技術助言組織
【件名】「福島県内の小学校等の再開にあたっての安全性について（その1）」に対する助言（回答）

助言依頼のありました標記の件について、次のとおり助言（回答）します。

1．福島第一原子力発電所から20〜30キロメートルは、現在、屋内退避の地域となっており、学校を再開するとしてもスポーツ等の屋外授業を行う事や、屋外で遊ばせることは被ばくの程度を極力低いものとする観点からは、好ましくありません。

2．屋内退避の地域以外の地域においても、空間線量率の値が低くない地域においては、被ばくの程度を極力低いものとする観点からは、学校を再開するかどうか十分に検討すべきと考えます。

3．現在も事故は、終息しているわけではないことから、引き続きモニタリングを継続しつつ、適切な対応をとっていくことが重要です。以上

この原子力安全委員会の回答は、一見するとそれらしい回答のように見えるが、学校を再開してよいかという文科省の質問に正面から答えず、ひとごとのような一般論に終始している。文科省の担当者はこんな回答を受け取って、緊急時にまで明確な発言をしない責任逃れの態度に腹立たしかったことであろう。文科省は続けて次の質問をしている。

○文科省から原子力安全委員会への助言依頼（その2）

【日時】平成23年4月6日事務連絡
【宛先】原子力安全委員会
【発出】文部科学省原子力災害対策支援本部
【件名】原子力安全委員会からの助言について（依頼）
　下記の件につきまして、原子力安全委員会の助言をいただきたく伺います。
件名：福島県内の小学校等の再開に当たっての安全性について（その2）
内容：別添の小学校等を再開してよいか、助言いただきたく伺います。
　また、「福島県内の小学校等の再開に当たっての安全性について（その1）」に対する助言（回答）の2．の「空間線量率の値が低くない」の具体的な線量率について、併せて教示下さいますようお願いします。　以上
（注）この後、データを入手し次第お送りいたします。

最初の回答にいらだちを隠せない文科省は、より端的に、学校再開の目安となる具体的な線量率を聞いたのであるが、今度も原安委は、「その1」に輪を掛けて、はぐらかす回答をしている。

○原子力安全委員会から文科省への助言回答（その2）

【日時】平成23年4月7日9時30分
【宛先】文部科学省原子力災害対策支援本部
【発出】原子力安全委員会緊急技術助言組織
【件名】「福島県内の小学校等の再開にあたっての安全性について（その2）」に対する回答
助言依頼のありました標記の件について、次のとおり回答します。
1．文部科学省として、福島県内の小学校等の再開にあたっての判断基準を示されたい。
2．原子力安全委員会は、示された判断基準に対して、助言します。
3．『「福島県内の小学校等の再開に当たっての安全性について（その1）」に対する助言（回答）』は、上記、判断基準の策定にあたって参考になるものと考えます。
4．なお、公衆の被ばくに関する線量限度は、1ミリシーベルト／年とされています。以上

文科省が具体的な空間線量率の値を聞いても原安委はそれには答えず、逆に文科省にそれを示せと言い、それが出てきたら助言すると言っている。確かに、原安委の役割のひとつに、「原子力緊急事態宣言の技術的事項について原子力災害対策本部長に助言すること」というのがあり、これに則って助言の役目に徹しただけだと言い訳するかもしれないが、これは明らかに専門家としての役割の放棄である。緊急時において、いかにもひどい対応であり、この回答を見て、文科省の担当者は憤懣やるかたないことであっただろう。

なお、この「4．なお、公衆の被ばくに関する線量限度は、1ミリシーベルト／年とされています」

というのは、正しい表現ではなく、公衆の被ばく限度を定めた法令は存在しないことは、前章の終わりに述べたとおりである。

こんな組織はいらないと誰もが思うとおり、原安委は2012年（平成24年）9月19日に廃止された。今さら消滅した組織の悪口を言っても仕方がないが、回答で「事故後にも1ミリシーベルトの被ばく限度を守ること」と助言していれば、その後の状況は大きく変わり、子どもたちに甲状腺がんが多発することはなかったと思われる。その唯一の機会を逃し、適切な線量限度を提示しなかった罪は大きい。

当時の原子力安全委員会の委員は次のとおり。カッコ内は就任日（解任日は2012年9月）。

班目春樹（委員長2010年4月）元東京大学大学院工学系研究科教授
久木田豊（委員長代理2009年4月）元名古屋大学大学院工学研究科教授
久住静代（2004年4月）元放射線影響協会放射線疫学調査センター審議役
小山田修（2009年4月）元日本原子力研究開発機構原子力科学研究所所長
代谷誠治（2010年4月）元京都大学原子炉実験所長

もっとも、このメンバーを見る限り、彼らに気概ある対応を期待しても無理であろう。原安委の委員の地位は原子力の研究者としての上がりであり、これからは一千五百万円を超える年俸が保証され、名誉にまみれた余生が送れることを楽しみにしていたのに、突然の事故で徹夜が続き、責任追及の矢面に立たされる羽目になってしまった。全く当てが外れた彼らに、子どもたちを守る気概があるはずがない。

原安委に袖にされた文科省は、放射線医学総合研究所（２０１９年に量子科学技術研究機構量子医学・医療部門放射線医学総合研究所へ改編された）の専門家の支援を受け、後述する３月２１日に出されたＩＣＲＰの声明をよりどころとし、環境放射線のモニタリングの結果も考慮して、４月１９日に「校舎・校庭等の利用判断における暫定的考え方」という通知を出した。

文科省の暫定的考え方

○「校舎・校庭等の利用判断における暫定的考え方」

【日時】平成２３年４月１９日付け２３文科ス第１３４号

【宛先】福島県教育委員会、福島県知事、福島県内に附属学校を置く国立大学法人の長、福島県内に小中高等学校を設置する学校設置会社を所轄する構造改革特別区域法第１２条第１項の認定を受けた地方公共団体の長殿

【発出】文部科学省生涯学習政策局長 板東久美子、初等中等教育局長 山中伸一、科学技術・学術政策局長 合田隆史、スポーツ・青少年局長 布村幸彦

【件名】福島県内の学校の校舎・校庭等の利用判断における暫定的考え方について（通知）

去る４月８日に結果が取りまとめられた福島県による環境放射線モニタリングの結果及び４月１４日に文部科学省が実施した再調査の結果について、原子力安全委員会の助言を踏まえた原子力災害対策本部の見解を受け、校舎・校庭等の利用判断における暫定的考え方（以下、「暫定的考え方」という。）を下記のとおり取りまとめました。

ついては、学校（幼稚園、小学校、中学校、特別支援学校を指す。以下同じ。）の校舎・校庭等の利用に当たり、下記の点に御留意いただくとともに、所管の学校及び域内の市町村教育委員会並びに所轄の私立学校に対し、本通知の趣旨について十分御周知いただき、必要な指導・支援をお願いします。

1．学校の校舎・校庭等の利用判断における暫定的な目安について

学校の校舎、校庭、園舎及び園庭（以下、「校舎・校庭等」という。）の利用の判断について、現在、避難区域と設定されている区域、これから計画的避難区域や緊急時避難準備区域に設定される区域を除く地域の環境においては、次のように国際的基準を考慮した対応をすることが適当である。

国際放射線防護委員会（ICRP）のPUB109（緊急時被ばくの状況における公衆の防護のための助言）によれば、事故継続等の緊急時の状況における基準である20～100ミリシーベルト／年を適用する地域と、事故収束後の基準である1～20ミリシーベルト／年を適用する地域の併存を認めている。また、ICRPは、2007年勧告を踏まえ、本年3月21日に改めて「今回のような非常事態が収束した後の一般公衆における参考レベル（※1）として、1～20ミリシーベルト／年の範囲で考えることも可能」とする内容の声明を出している。

このようなことから、幼児、児童及び生徒（以下、「児童生徒等」という。）が学校に通える地域においては、非常事態収束後の参考レベルの1～20ミリシーベルト／年を学校の校舎・校庭等の利用判断における暫定的な目安とし、今後できる限り、児童生徒等の受ける線量を減らしていくことが適切であると考えられる。

※1 「参考レベル」：これを上回る線量を受けることは不適切と判断されるが、合理的に達成できる範囲で、線量の低減を図ることとされているレベル。

また、児童生徒等の受ける線量を考慮する上で、16時間の屋内（木造）、8時間の屋外活動の生活パターンを想定すると、20ミリシーベルト／年に到達する空間線量率は、屋外3・8マイクロシーベルト／時間、屋内（木造）1・52マイクロシーベルト／時間である。したがって、これを下回る学校では、児童生徒等が平常どおりの活動によって受ける線量が20ミリシーベルト／年を超えることはないと考えられる。さらに、学校での生活は校舎・園舎内で過ごす割合が相当を占めるため、学校の校庭・園庭において3・8マイクロシーベルト／時間以上を示した場合においても、校舎・園舎内での活動を中心とする生活を確保することなどにより、児童生徒等の受ける線量が20ミリシーベルト／年を超えることはないと考えられる。

2．福島県における学校を対象とした環境放射線モニタリングの結果について

(1)　文部科学省による再調査により、校庭・園庭で3・8マイクロシーベルト／時間（幼稚園、小学校、特別支援学校については50センチメートル高さ、中学校については1メートル高さの数値：以下同じ）以上の空間線量率が測定された学校については、別添に示す生活上の留意事項に配慮するとともに、当面、校庭・園庭での活動を1日あたり1時間程度にするなど、学校内外での屋外活動をなるべく制限することが適当である。

なお、これらの学校については、4月14日に実施した再調査と同じ条件で国により再度の調査をおおむね1週間毎に行い、空間線量率が3・8マイクロシーベルト／時間を下回り、ま

た、翌日以降、再度調査して3・8マイクロシーベルト／時間を下回る値が測定された場合には、空間線量率の十分な低下が確認されたものとして、(2)と同様に扱うこととする。さらに、校庭・園庭の空間線量率の低下の傾向が見られない学校については、国により校庭・園庭の土壌について調査を実施することも検討する。

(2)　文部科学省による再調査により校庭・園庭で3・8マイクロシーベルト／時間未満の空間線量率が測定された学校については、校舎・校庭等を平常どおり利用して差し支えない。

(3)　(1)及び(2)の学校については、児童生徒等の受ける線量が継続的に低く抑えられているかを確認するため、今後、国において福島県と連携し、継続的なモニタリングを実施する。

3．留意点

(1)　この「暫定的考え方」は、平成23年3月に発生した福島第一原子力発電所の事故を受け、平成23年4月以降、夏季休業終了（おおむね8月下旬）までの期間を対象とした暫定的なものとする。
今後、事態の変化により、本「暫定的考え方」の内容の変更や措置の追加を行うことがある。

(2)　避難区域並びに今後設定される予定の計画的避難区域及び緊急時避難準備区域に所在する学校については、校舎・校庭等の利用は行わないこととされている。

(3)　高等学校及び専修学校・各種学校についても、この「暫定的考え方」の2．(1)、(2)を参考に配慮されることが望ましい。

(4)　原子力安全委員会の助言を踏まえた原子力災害対策本部の見解は文部科学省のウェブサイト

で確認できる。

別添

児童生徒等が受ける線量をできるだけ低く抑えるために取り得る学校における生活上の留意事項

以下の事項は、これらが遵守されないと健康が守られないということではなく、可能な範囲で児童生徒等が受ける線量をできるだけ低く抑えるためのものである。

①校庭・園庭等の屋外での活動後等には、手や顔を洗い、うがいをする。

②土や砂を口に入れないように注意する（特に乳幼児は、保育所や幼稚園において砂場の利用を控えるなど注意が必要。）。

③土や砂が口に入った場合には、よくうがいをする。

④登校・登園時、帰宅時に靴の泥をできるだけ落とす。

⑤土ぼこりや砂ぼこりが多いときには窓を閉める。

この長い通知で、文科省は具体的な線量率の値を初めて示した。非常事態収束後の参考レベルの1～20ミリシーベルト／年を、校舎・校庭等の利用判断における暫定的な目安としたのである。文面では1～20ミリシーベルトと書いてあり、範囲を示した形であるが、目安値に範囲を持たせるようなあいまいな書き方では、上限値の20ミリシーベルトが目安と捉えられるのは当然である。

年間20ミリシーベルトという目安を毎日の被ばく線量の目安にするには、毎時あたりの空間線量率に換算しなければならない。年間20ミリシーベルトをそのまま毎時当たりに換算すると、20÷(365日×24時間)=毎時2・3マイクロシーベルトになるが、文科省は屋外(グラウンドなど)に8時間、屋内(木造で、遮蔽効果を0・4とした)に16時間過ごすとして、毎時3・8マイクロシーベルトまでかさ上げした。

つまり、毎時3・8マイクロシーベルト×(8時間+16時間×0・4)×365日=年間20ミリシーベルトとなるのである。遮蔽効果0・4の根拠はどこにも示されていない。

文科省はこの毎時3・8マイクロシーベルトを基準として、学校や幼稚園で観測される放射線量が屋外でこの値を超える場合は屋外活動を制限することとし、それ未満の場合は平常通り活動できるとした。

ここで、年間20ミリシーベルトは実効線量(吸収線量に基づくもの)の値であるが、毎時3・8マイクロシーベルトは空間線量率(照射線量に基づくもの)であり、厳密には異なる量である。ただし、セシウムなどのガンマ線を対象とする場合は、吸収線量と照射線量はほぼ等しいとしてもよいであろう。

こうして、放射線作業従事者用の管理区域の基準(3か月の積算で1・3ミリシーベルト=年間5・2ミリシーベルト)より4倍も大きい20ミリシーベルトが、文科省により、学校で学ぶ子どもたちの被ばく量として通知されたのである。

20ミリシーベルトは誰が決めたのか、であるが、文科省の通知の冒頭に「原子力安全委員会の助言を踏まえた原子力災害対策本部の見解」というのが出てくる。これを受けて文科省が決めたとあるので、20ミリシーベルトを決めたのは最終的には原子力災害対策本部であるということになる。その見解とは何かというと、実はこの文科省の通知の前に、同じ4月19日付けで原子力災害対策本部から次の文書が出ている。宛先に厚生労働省が入っているが、これは保育園が厚生労働省の所管になるからである。

原災本部の見解・指示

○原子力安全委員会の助言を踏まえた原子力災害対策本部の見解・指示

【日時】平成23年4月19日
【宛先】文部科学省、厚生労働省
【発出】原子力災害対策本部
【件名】「福島県内の学校等の校舎・校庭等の利用判断における暫定的考え方」について

標記の件に関して、貴省における検討を踏まえ、とりまとめた考え方について原子力安全委員会に助言を要請したところ、原子力安全委員会から別添1の回答を得た。別添2の考え方に基づき、別添1に留意しつつ、福島県に対し、適切に指導・助言を行われたい。

(別添1)
【日時】平成23年4月19日
【宛先】原子力災害対策本部
【発出】原子力安全委員会

【件名】「福島県内の学校等の校舎・校庭等の利用判断における暫定的考え方」に対する助言について（回答）

平成23年4月19日付で、要請のありました標記の件について、差し支えありません。なお、以下の事項にご留意下さい。

(1)学校等における継続的なモニタリング等の結果について、二週間に一回以上の頻度を目安として、原子力安全委員会に報告すること

(2)学校等にそれぞれ1台程度ポケット線量計を配布し、生徒の行動を代表するような教職員に着用させ、被ばく状況を確認すること

（別添2）

【日時】平成23年4月19日

【発出】原子力災害対策本部

【件名】福島県内の学校等の校舎・校庭等の利用判断における暫定的考え方

Ⅰ．学校等の校舎・校庭等の利用判断における暫定的な目安について

（以下、文科省の通知文の1．と同じことが書いてある）

Ⅱ．Ⅰ．を踏まえた福島県における学校を対象とした環境放射線モニタリングの結果に対する見解

平成23年4月8日に結果がとりまとめられた福島県による学校等を対象とした環境放射線モニタリング結果及び4月14日に文部科学省が実施した再調査の結果を踏まえた原子力災害対策

本部の見解は以下のとおり。

なお、避難区域並びに今後設定される予定の計画的避難区域及び緊急時避難準備区域に所在する学校については、校舎・校庭等の利用は行わないこととされている。

（以下、文科省の通知文の2．と同じことが書いてある）

Ⅲ．留意点

（以下、文科省の通知文の3．⑴と同じことが書いてある）

別添

児童生徒等が受ける線量をできるだけ低く抑えるために取り得る学校における生活上の留意事項（文科省の通知文の別添と同じことが書いてある）

役所特有の「別添」の多い文書であり、構成がわかりにくいと思うが、この一連の文書によると、以下の手順が取られたことがわかる。

①原子力災害対策本部において、文科省の検討を踏まえて考え方（別添2）をとりまとめた

②その考え方について原子力安全委員会に助言を要請した

③原子力安全委員会からはこの考え方で差し支えないという回答を得た（別添1）

④この考え方（別添2）に基づき、原子力災害対策本部から文科省及び厚労省に指示を出す

⑤文科省及び厚労省は福島県に対し、適切に指導・助言を行う

これらの手順を4月19日の一日で済ませてしまったのである。基本となる「暫定的考え方」につ

いては文科省でとりまとめてあり、原子力災害対策本部と原子力安全委員会については単に顔を立てるだけでよかったから、このような迅速な措置が可能だったと思われる。

ただし、顔を立てただけだといっても、このような経緯がある以上、20ミリシーベルトを目安とすると決めたのは、原子力災害対策本部であるということになるであろう。

この時期には、第13回原子力災害対策本部会議が2011年4月11日（火）14時45分～15時03分に開かれているが、「暫定的考え方」に関する議論はない。

もう旧聞に属する感があるが、事故発生直後に内閣官房参与に任命された東大教授が、涙ながらに辞任したことを今でも覚えている方は多いのではないだろうか。それもこの時期のことである。

当時の新聞記事である。

小佐古参与の辞任

○小佐古内閣官房参与の抗議の辞任―2011年4月30日 毎日新聞東京版朝刊

・福島第1原発―「政府対応場当たり的」内閣官房参与、抗議の辞任

内閣官房参与の小佐古敏荘（こさこ・としそう）・東京大教授（61）＝放射線安全学＝は29日、菅直人首相あての辞表を首相官邸に出した。小佐古氏は国会内で記者会見し、福島第1原発事故の政府対応を「場当たり的」と批判。特に小中学校の屋外活動を制限する限界放射線量を年間20ミリシーベルトを基準に決めたことに「容認すれば私の学者生命は終わり。自分の子どもをそういう目に遭わせたくない」と異論を唱えた。同氏は東日本大震災発生後の3月16日に任命さ

れた。

小佐古氏は、学校の放射線基準を年間1ミリシーベルトとするよう主張したのに採用されなかったとし、「年間20ミリシーベルト近い被ばくをする人は原子力発電所の放射線業務従事者でも極めて少ない。この数値を乳児、幼児、小学生に求めることは学問上の見地からのみならず、私のヒューマニズムからしても受け入れがたい」と主張した。（吉永康朗）

・小佐古参与の辞任表明文要旨

・官邸と行政機関は、法律などに沿って原子力災害対策を進めるという基本を軽視し、その場限りの対応をして収束を遅らせているように見える。

・「緊急時迅速放射能影響予測システム（SPEEDI）」が、法令などに定められた手順通りに運用されていない。

・甲状腺の被ばく、特に小児が受ける放射線量を関東、東北地方全域にわたって迅速に公開すべきである。

・放射線業務従事者の緊急時被ばく限度の引き上げで、官邸と行政機関が場当たり的な政策決定をとっているように見える。放射線審議会での決定事項を無視している。

・年間20ミリシーベルト近い被ばく者は約8万4000人いる原発の放射線業務従事者でも極めて少ない。年間20ミリシーベルトとした校庭での利用基準に強く抗議する。

・「従業員の被ばく線量の引き上げ」場当たり的な対応（解説記事）

放射線業務従事者の被ばく線量は原子炉等規制法に基づく告示や労働安全衛生法の電離放射線

障害防止規則で、5年間で100ミリシーベルト、1年間では50ミリシーベルトに抑えるよう定めている（通常規則）。また、緊急時には別途100ミリシーベルトを上限に放射線を受けることができる。しかし、国は特例で福島第一原発に限り、250ミリシーベルトに引き上げる措置をとった。

経産省原子力安全・保安院によると、福島第一原発で作業していた従業員のうち、30人が100ミリシーベルトを超えている。また、1号機の原子炉建屋で毎時1120ミリシーベルトが検出されるなど、長時間の作業が難しくなっている。ICRPの勧告では緊急時は500ミリシーベルトが上限だ。小佐古氏は「厳しい状況を反映して、限度の500ミリシーベルトに再引き上げ議論も始まっている」と指摘。「官邸」と行政機関の『モグラたたき』的で場当たり的な政策決定」と不透明さを批判しており、被ばく放射線量の上限を巡る論議が拡大する可能性もある。（西川拓、足立旬子、永山悦子）

・「子ども20ミリシーベルト」専門家も賛否（解説記事）

政府は国際放射線防護委員会（ICRP）が原子力事故の収束段階で適用すべきだとして勧告した年間許容量1〜20ミリシーベルトの上限を根拠に採用。1日8時間を屋外で過ごすとして子どもの行動を仮定した上で、放射線量が年20ミリシーベルトを超えないよう、毎時3・8マイクロシーベルト以上の学校などで屋外活動を1日1時間に制限する通知を文部科学省が19日に出した。

文科省は「余裕を持って決めた基準で、実際に年間20ミリシーベルトを被ばくすることはない」と説明するが「子どもを大人と同様に扱うべきでない」として他の放射線の専門家からも異論が出ているほか、日本弁護士連合会も反対声明を出している。

ＩＣＲＰ主委員会委員の経験がある佐々木康人・日本アイソトープ協会常務理事は「政府は厳しい側の対応をとっており、影響が出ることはない」と理解を示す一方、「被ばくを減らす努力は必要だ」と指摘する。（西川拓、永山悦子）

・「２０ミリシーベルトの基準は政府の最終判断　細野首相補佐官」

原発事故担当の細野豪志首相補佐官は２９日、ＴＢＳの報道番組で「原子力安全委員会から助言を受けているものなので、政府の最終判断だ」と述べ、２０ミリシーベルトの基準は変えない考えを示した。

小佐古参与の辞任はマスコミでも関心を集め、毎日新聞では事実を伝えた後で、辞任に至る背景と反響にかなりの紙面を割いている。冒頭の記事で、「年間２０ミリシーベルト近い被ばくをする人は原子力発電所の放射線業務従事者でも極めて少ない」と小佐古参与が述べているが、その実態について調べたデータがある。

「原発下請け被曝、電力社員の４倍―より危険な業務に従事」（朝日新聞デジタル２０１２年７月２６日）という記事によると、原発が正常に稼働していた２０００年から２０１０年まで、正社員平均は０・３～０・５ミリシーベルト、下請け作業者平均は１・１～１・６ミリシーベルトである。この記事は、正社員と作業者では被ばく量に差があることを強調したものであるが、２０ミリシーベルトに較べれば、両者ともに低く、小佐古参与の主張は間違っていないと思われる。
同じ記事には、２０１０年度の1年間だけのデータであるが、平均値ではなく最大値も出ている。
0~5ミリシーベルトの社員は７６８７人、作業者は5万１６８８人、
5~１０ミリシーベルトの社員は１２人、作業者は２４６４人、
１０~１５ミリシーベルトの社員は２人、作業者８２７人、
１５~２０ミリシーベルトの社員は０人、作業者は２８１人、となっている。
このデータでは、２０ミリシーベルトを超える区分がないので、２０ミリシーベルトを超える放射線作業従事者はこの年度にはいなかったものと思われる。このデータからは、１５~２０ミリシーベルトの被ばくをした作業者は２８１人であり、決して少ない数ではないが、全従事者数６万２９６１人に対する割合では約０・５％であるから、割合で見れば少ないと言えるであろう。
このように、事故が起きる前は、小佐古参与の言うとおり、２０ミリシーベルトの被ばくは極めて稀な事例であったが、事故が起きた後ではその稀な被ばく量が基準になってしまったのである。
改めて言うまでもないが、当時の政権は菅直人首相が率いる民主党政権である。その首相補佐官である細野豪志が２０ミリシーベルトの基準は変えないと言明している。この瞬間に、小佐古参与の涙の甲斐もなく、それまでの年間1ミリシーベルトから年間２０ミリシーベルトへの引き上げが確定したのである。
文科省の通知の発出後、第１４回原子力災害対策本部会議が２０１１年5月6日に開かれ、そこで２０ミリシーベルトに関する議論が交わされている。その議事録から関連する部分を抜粋する。

第14回原災本部会議

○第14回原子力災害対策本部会議　2011年5月6日（金）10時16分～11時33分
本部長：菅直人内閣総理大臣
副本部長：海江田万里経済産業大臣・原子力経済被害担当
本部員等：片山善博総務大臣、江田五月法務大臣、松本剛明外務大臣、野田佳彦財務大臣、髙木義明文部科学大臣、細川律夫厚生労働大臣、鹿野道彦農林水産大臣、大畠章宏国土交通大臣、松本龍環境大臣、北澤俊美防衛大臣、枝野幸男内閣官房長官、中野寛成国家公安委員会委員長、蓮舫特命担当大臣（消費者及び食品安全）、玄葉光一郎国家戦略担当大臣（科学技術政策）、与謝野馨特命担当大臣（経済財政政策）、細野豪志内閣総理大臣補佐官
※本部員ではないが、本部会合には原子力安全委員会委員長が出席する。

【議事】
・玄葉光一郎国家戦略担当大臣から「学校の校庭についての問題が深刻。学校や子供と放射能の問題で、若い親を中心に強いストレスを感じている。これを解消するため、2つの方法がある。①大人と子供では違うということ。毎時3・8マイクロシーベルトという場所であっても、現状の生活をしていれば積算線量も年間10ミリシーベルト以下であることをきちんと説明していくこと。②専門家がTVなどをとおして説明をしていくこと。また、希望者に対しては土の入れ替え、学童疎開を実施していくなどの個別の対応も必要だろう。文科省においては考え

ていただければと思う。」との発言。

・髙木義明文部科学大臣から「学校については国会でも議論になっている。専門家についてはたくさんいるが、誰を選ぶのか悩ましい。我々としては原安委を専門家と考えている。毎時3・8マイクロシーベルトは専門家の意見を聞いて決めた。年間20ミリシーベルトとしているが、それが年間0や1ミリシーベルトになるよう努力していきたい。郡山、伊達では土を取り除いているが、野積みにすると毎時3・8マイクロシーベルトが毎時8マイクロシーベルトになる。処分場の地域住民から反対もあるし、どこに持っていけばよいのか、環境省、国土交通省、経済産業省と検討している。」との回答。

・玄葉光一郎国家戦略担当大臣から「説明の仕方が大事。毎時3・8マイクロシーベルトであっても校庭を使ってはいないことを説明した方がよい。また校長が線量計を持っているため、その成果を使って説明していけばよいのではないか。今問題になっているのは政府の説明責任である。原安委自身は専門家がいらっしゃらないので、その下の専門委員にお願いをしてTVに出てもらってはどうか。小佐古先生の意見を放置していることになっている。」との発言。

文科省は「暫定的考え方」を出して、実効線量で年間20ミリシーベルト、空間線量率で毎時3・8マイクロシーベルトを目安とすると決めたものの、小佐古教授をはじめ、他の専門家や弁護士連合会から批判を受け、さらに福島県民からの反発も強く、何らかの手を打たざるを得なくなり、2011年5月27日に次の文書を発出した。

○文科省の追加説明（その1）—線量低減に向けた当面の対応について

【日時】平成23年5月27日
【発出】文部科学省

「福島県内における児童生徒等が学校等において受ける線量低減に向けた当面の対応について」（以下、20ミリシーベルトに関係するところを抜粋する）

2．暫定的考え方で示した年間1ミリシーベルトから20ミリシーベルトを目安とし、今後できる限り、児童生徒等の受ける線量を減らしていくという基本に立って、今年度、学校において児童生徒等が受ける線量について、当面、年間1ミリシーベルト以下を目指す。

3．文部科学省または福島県による調査結果に基づき、校庭・園庭における土壌に関して児童生徒等の受ける線量の低減策を講じる設置者に対し、学校施設の災害復旧事業の枠組みで財政的支援を行うこととする。対象は、土壌に関する線量低減策が効果的となる校庭・園庭の空間線量率が毎時1マイクロシーベルト以上の学校とし、設置者の希望に応じて財政的支援を実施する。

この文書を一見すると、20ミリシーベルトを諦めて、1ミリシーベルトに戻したように見えるが、よく見ると「年間1ミリシーベルトから20ミリシーベルトを目安とする」ことは変えていない。とりあえず1ミリシーベルトを強調して批判をかわそうとした結果、1ミリシーベルトが新たな目安であると誤解する人が多かったのであろうか、2か月後の2011年7月20日に次の文書によって年間20ミリシーベルトの目安を変えた訳ではないことを念押ししている。

○文科省の追加説明（その2）―「年間1ミリシーベルト以下を目指す」ことについて

【日時】平成23年7月20日

【発出】文部科学省

「5月27日「当面の考え方」における「学校において年間1ミリシーベルト以下を目指す」ことについて」

（以下、20ミリシーベルトに関係するところを抜粋する）

3．文部科学省は、5月27日に「学校において、当面、年間1ミリシーベルト以下を目指す」ことを示しましたが、この「年間1ミリシーベルト以下」は、「暫定的考え方」に替えて屋外活動を制限する新たな目安を示すものではなく、文部科学省として、まずは学校内において、できる限り児童生徒等が受ける線量を減らしていく取組を、この数値目指して進めていくこととしたものです。

したがって、年間1ミリシーベルト以下を目指すことによって、学校での屋外活動を制限する目安を毎時3・8マイクロシーベルトからその20分の1である毎時0・19マイクロシーベルトに変更するものではなく、この達成のために屋外活動の制限を求めるものではありません。

この文書では「年間1ミリシーベルト以下」が新たな目安ではなく、単に目標を言ったものに過ぎず、空間線量率の目安値についても毎時3・8マイクロシーベルトから毎時0・19マイクロシーベルトに変えた訳ではないことを明言している。こうしてみるとますます年間20ミリシーベルトという値の根拠が重要になるが、原子力安全委員会の専門家が目安値の提示から逃げた今となっては、その根拠は「暫定的考え方」にあるとおり、ICRPからの声明があるだけである。

・「暫定的考え方」におけるICRPの声明の引用箇所（71ページの再掲）

国際放射線防護委員会（ICRP）のPUB109（緊急時被ばくの状況における公衆の防護のための助言）によれば、事故継続等の緊急時の状況における基準である20～100ミリシーベルト／年を適用する地域と、事故収束後の基準である1～20ミリシーベルト／年を適用する地域の併存を認めている。また、ICRPは、2007年勧告を踏まえ、本年3月21日に改めて「今回のような非常事態が収束した後の一般公衆における参考レベル（※1）として、1～20ミリシーベルト／年の範囲で考えることも可能」とする内容の声明を出している。

ICRPの声明がどのようなものであり、どこまでの信憑性があるのかは第4章で述べるが、本章のタイトルである「20ミリシーベルトは誰が決めたのか」に対する答えは、「ICRPの声明に基づいて文科省が原案を作り、原子力安全委員会の助言を踏まえ、首相を本部長とする原子力災害対策本部とが決定した」ということになる。これで第3章で言いたいことは終わりであるが、誰が決めたものであっても、それを国民が守らなければならないということは別問題である。その観点から、ここでもいくつか補足説明をしておきたい。

まず、前章で「法律とそれ以下の法令ではその重みに雲泥の差がある」と述べたことに関連して、本章で引用した文書類は全て役所からの通知文であって、法律ではないことを指摘したい。このような単なる役所からの通知文によって、国民に年間20ミリシーベルトの被ばくを強いることができるのであろうか。

文科省の「暫定的考え方」は通知文であるから、宛先は「地方教育行政の組織及び運営に関する法律」第48条に基づき文科省が指導・助言・指示をすることができる諸組織、すなわち福島県の教育委員会、国立大学等に限られている。ここで福島県知事も宛先に含まれているが、それは、地方公共団体の長は、同法律第22条に基づいて教育に関する一部の事務を管理・執行する権限があるので、その権限の範囲に限ってのことと考えられ、住民の代表としての知事に文科省が通知しているのではないと考えられる。

文科省の通知文は国民を規制する法律ではないから、文部省から指示ができる教育委員会や学校には20ミリシーベルトの目安を義務づけることはできても、文部省から指示ができない子どもたちや父母に対してその効力は及ばず、この目安を押しつけることはできない。子どもたちや父母が「一般公衆は被ばくしないこと」という原子力基本法の原則に基づき、より低い目安、例えば1ミリシーベルトの目安を要求する権利は常にあるはずである。

それとも、この通知文とは別にどこかに法律があって、子どもたちや父母などの一般公衆に対して20ミリシーベルトの目安を義務づける規定があるのだろうか。もし、そんな法律があるのなら20ミリシーベルトの目安に従うほかはないのだが、この観点から文科省が所管する法律を探してみると、法律はおろか省令・告示にもそのような規定はないことがわかる。20ミリシーベルトの目安は、一般公衆を対象とする場合には、法律の裏付けがないのである。

それでは、文科省以外の官庁が所管する法律はどうであろうか。これも探してみると、条文で「20ミリシーベルト」の目安を義務付けている法律は、やはり、ないことがわかる。ただし、こちらの場合は裏道があって、役人のよく使う手であるが、具体的な数値は法令のレベルが一段下がった省令・告示に落とし、規制の大枠だけを規定している法律があるのである。ちょうど、炉規法には「周辺監視区域」の記載はなく、実用炉規則に初めて現れ、その基準の1ミリシーベルトは線量限度等告示に書かれているのと同じ仕組みである。

事故後5か月経った8月末に総務・国土交通・環境大臣が連名で次の法律を施行している。主な条文を抜粋する。

環境省特別措置法

○平成二十三年三月十一日に発生した東北地方太平洋沖地震に伴う原子力発電所の事故により放出された放射性物質による環境の汚染への対処に関する特別措置法

（平成23年8月30日号外法律第110号）（総務・国土交通・環境大臣署名）

（目的）
第一条　この法律は、平成二十三年三月十一日に発生した東北地方太平洋沖地震に伴う原子力発電所の事故（以下本則において単に「事故」という。）により当該原子力発電所から放出された放射性物質（以下「事故由来放射性物質」という。）による環境の汚染が生じていることに鑑み、事故由来放射性物質による環境の汚染への対処に関し、国、地方公共団体、原子力事業者及び国民の責務を明らかにするとともに、国、地方公共団体、関係原子力事業者等が講ずべき措置について定めること等により、事故由来放射性物質による環境の汚染が人の健康又は生活環境に及ぼす影響を速やかに低減することを目的とする。

（国の責務）
第三条　国は、これまで原子力政策を推進してきたことに伴う社会的な責任を負っていることに鑑み、事故由来放射性物質による環境の汚染への対処に関し、必要な措置を講ずるものとする。

（地方公共団体の責務）
第四条　地方公共団体は、事故由来放射性物質による環境の汚染への対処に関し、国の施策への協力を通じて、当該地域の自然的社会的条件に応じ、適切な役割を果たすものとする。

（原子力事業者の責務）
第五条　関係原子力事業者は、事故由来放射性物質による環境の汚染への対処に関し、誠意をもって必要な措置を講ずるとともに、国又は地方公共団体が実施する事故由来放射性物質による環境の汚染への対処に関する施策に協力しなければならない。

（国民の責務）

第六条　国民は、国又は地方公共団体が実施する事故由来放射性物質による環境の汚染への対処に関する施策に協力するよう努めなければならない

第二章　基本方針

第七条　環境大臣は、事故由来放射性物質による環境の汚染への対処に関する施策を適正に策定し、及び実施するため、最新の科学的知見に基づき、事故由来放射性物質による環境の汚染への対処に関する基本的な方針（以下「基本方針」という。）の案を作成し、閣議の決定を求めなければならない。

2　基本方針においては、次に掲げる事項を定めるものとする。

一　事故由来放射性物質による環境の汚染への対処の基本的な方向

二　事故由来放射性物質による環境の汚染の状況についての監視及び測定に関する基本的事項

三　事故由来放射性物質により汚染された廃棄物の処理に関する基本的事項

四　土壌等の除染等の措置に関する基本的事項

五　除去土壌の収集、運搬、保管及び処分に関する基本的事項

六　その他事故由来放射性物質による環境の汚染への対処に関する重要事項

3　環境大臣は、第一項の規定により基本方針の案を作成しようとするときは、あらかじめ、関係行政機関の長に協議しなければならない。

4　環境大臣は、基本方針につき第一項の閣議の決定があったときは、遅滞なく、これを公表しなければならない。

この環境省の特別措置法には、第六条に国民の責務として国や県の実施する施策に協力しなければならないと書かれている。これは法律であり、国会で議決されたものであるから、20ミリシーベルトの目安が国の施策であれば一般公衆も受け入れに協力しなくてはならないであろう。

問題は、20ミリシーベルトの目安が、誰に対して課せられているかである。実際に20ミリシーベルトという具体的な数値は次の環境省告示に示されているが、それが書かれているのは法律の第七条第2項の一から六までのうち、三の「廃棄物の処理」と、四の「土壌等の除染」に関してのみである。関連する部分を抜粋する。

○平成二十三年三月十一日に発生した東北地方太平洋沖地震に伴う原子力発電所の事故により放出された放射性物質による環境の汚染への対処に関する特別措置法に基づく基本方針

（最終改正：平成23年11月15日号外環境省告示第98号）

平成二十三年三月十一日に発生した東北地方太平洋沖地震に伴う原子力発電所の事故により放出された放射性物質による環境の汚染への対処に関する特別措置法（平成二十三年法律第百十号）第七条第一項の規定に基づき事故由来放射性物質による環境の汚染への対処に関する基本的な方針（平成二十三年十一月十一日閣議決定）を定めたので、同条第四項の規定により、次のとおり公表する。

（以下、法律第七条第2項の三と四について抜粋する。それぞれ、3．と4．が対応している）

3．事故由来放射性物質により汚染された廃棄物の処理に関する基本的事項

(1)基本的な考え方

土壌等の除染等の措置に伴い生ずる廃棄物や、生活地近傍の災害廃棄物など、住民の生活の妨げとなる廃棄物の処理を優先するものとする。

事故由来放射性物質により汚染された廃棄物の処理に当たっては、飛散流出防止の措置、モニタリングの実施、特定廃棄物の量・運搬先等の記録等、周辺住民の健康の保護及び生活環境の保全への配慮に関し、必要な措置をとるものとする。また、安全な処理のため、「東京電力株式会社福島第一原子力発電所事故の影響を受けた廃棄物の処理処分等に関する安全確保の当面の考え方について」（平成23年6月3日原子力安全委員会。以下「当面の考え方について」という。）において示された考え方を踏まえ、処理等に伴い周辺住民が追加的に受ける線量が年間1ミリシーベルトを超えないようにするものとする。また、最終的な処分に当たっては、管理期間終了以後についての科学的に確からしいシナリオ想定に基づく安全性評価において、処分施設の周辺住民が追加的に受ける線量が年間10マイクロシーベルト以下であること等について原子力安全委員会が示した判断の「めやす」を満足するものとする。

4．土壌等の除染等の措置に関する基本的事項

(1)基本的な考え方

土壌等の除染等の措置の対象には、土壌、工作物、道路、河川、湖沼、海岸域、港湾、農用地、森林等が含まれるが、これらは極めて広範囲にわたるため、まずは、人の健康の保護の観点か

ら必要である地域について優先的に特別地域内除染実施計画又は除染実施計画を策定し、線量に応じたきめ細かい措置を実施する必要がある。この地域の中でも特に成人に比べて放射線の影響を受けやすい子どもの生活環境については優先的に実施することが重要である。また、事故由来放射性物質により汚染された地域には、農用地や森林が多く含まれている。農用地における土壌等の除染等の措置については、農業生産を再開できる条件を回復させるという点を配慮するものとする。森林については、住居等近隣における措置を最優先に行うものとする。

土壌等の除染等の措置に係る目標値については、国際放射線防護委員会（ICRP）の2007年基本勧告、原子力安全委員会の「今後の避難解除、復興に向けた放射線防護に関する基本的な考え方について」（平成23年7月19日原子力安全委員会）等を踏まえて設定するものとする。具体的には、

①　自然被ばく線量及び医療被ばく線量を除いた被ばく線量（以下「追加被ばく線量」という。）が年間20ミリシーベルト以上である地域については、当該地域を段階的かつ迅速に縮小することを目指すものとする。ただし、線量が特に高い地域については、長期的な取組が必要となることに留意が必要である。

この目標については、土壌等の除染等の措置の効果、モデル事業の結果等を踏まえて、今後、具体的な目標を設定するものとする。

②　追加被ばく線量が年間20ミリシーベルト未満である地域については、次の目標を目指すものとする。

ア　長期的な目標として追加被ばく線量が年間1ミリシーベルト以下となること。
イ　平成25年8月末までに、一般公衆の年間追加被ばく線量を平成23年8月末と比べて、放射性物質の物理的減衰等を含めて約50%減少した状態を実現すること。
ウ　子どもが安心して生活できる環境を取り戻すことが重要であり、学校、公園など子どもの生活環境を優先的に除染することによって、平成25年8月末までに、子どもの年間追加被ばく線量が平成23年8月末と比べて、放射性物質の物理的減衰等を含めて約60%減少した状態を実現すること。

これらの目標については、土壌等の除染等の措置の効果等を踏まえて適宜見直しを行うものとする。

この告示では、冒頭の制定文において、法律に基づいて定められたことが明記されており、それによって法律と同様の強制力があることが宣言されている。原安委の資料が2つ（平成23年6月3日付けと平成23年7月19日付け）引用されているが、その内容はこの告示に書かれているとおりであるので、再掲はしない。

3.の「廃棄物の処理」では、廃棄物の処理及び処分時の要件が定められており、処理については周辺住民が追加的に受ける線量が年間1ミリシーベルトを超えないようにすること、処分については処分施設の周辺住民が追加的に受ける線量が年間10マイクロシーベルト以下であること等を定めているが、いずれも処理・処分を行う者に対する義務づけであり、一般公衆についての被ばくの目安を定めたものではない。

4．の「土壌等の除染」では、一般公衆が居住する土壌の除染に関する目安が定められており、ICRPの2007年基本勧告及び原安委の資料に基づき、年間20ミリシーベルト以上である地域は迅速に縮小すること、年間20ミリシーベルト未満である地域は、長期的な目標として追加被ばく線量が年間1ミリシーベルト以下となることが定められている。

ここで初めて、20ミリシーベルトが法律（実際には告示）に出てきたのであるが、これも土壌の除染を行う者に対する義務づけであって、一般公衆についての被ばくの目安を定めたものではない。

以上を要約すると次のようになる。

・汚染地域に居住する一般公衆に対して被ばくの限度を定めている法律・告示はない。
・土壌の除染等の線量限度を守ることは、除染を行う者に対して義務づけられている。
・その線量限度は、実効線量で年間20ミリシーベルトである。

このように線量限度を事業者・作業者に守らせる規制の仕組みは、第2章で見たように、周辺監視区域の外の線量限度（1ミリシーベルト）を原子力事業者に守らせる仕組みと同じである。

補足説明の冒頭に、「単なる文科省の通知文によって、国民に年間20ミリシーベルトの被ばくを強いることはできるのだろうか」と書いたが、今まで見てきた範囲で答えると、できないと思われる。なぜかと言えば、通知文は法律ではないので、文科省が指示できる学校の管理者などには効力があっても、指示できない国民には効力がないからである。

文科省以外が所管する法律で見ても、環境省の特別措置法の告示には20ミリシーベルトの数値はあるものの、それは土壌を除染する者に対する目標であり、国民に対する目安ではないからである。ここで、20ミリシーベルトという大事な数値が法律本体ではなく告示に書かれていることも、できない理由のひとつになると思われる。いくら告示が制定文によって法律に紐づけられているといっても、一番重要な数値を国会の審議に掛けることなく、役人の作文に任せてよいとは思われないからである。

この環境省の特別措置法の成立時期に合わせて、20ミリシーベルトの根拠がないことに気づいてマズイ（あるいはヤバイ）と感じた役人がいたのであろうか、その根拠を遅ればせながら取り揃えるために、学識経験者を招いた会合が平成23年11月9日（水）から平成23年12月15日（木）までの短期間に8回開催されている。会合の名称は「低線量被ばくのリスク管理に関するワーキンググループ」というものであり、名称自体に20ミリシーベルトが低線量であることを印象付けたい狙いが感じられる会合である。

最後の会合から1週間後の平成23年12月22日に公開された報告書から、20ミリシーベルトの根拠に関係するところを抜粋する。

低線量被ばくワーキンググループ

○低線量被ばくのリスク管理に関するワーキンググループ報告書

〔出席者〕

遠藤啓吾　京都医療科学大学学長、（社）日本医学放射線学会副理事長

神谷研二　福島県立医科大学副学長、広島大学原爆放射線医科学研究所長
近藤駿介　原子力委員会委員長、東京大学名誉教授
酒井一夫　（独）放射線医学総合研究所　放射線防護研究センター長、東京大学大学院工学系研究科原子力国際専攻客員教授
佐々木康人　（社）日本アイソトープ協会常務理事、前（独）放射線医学総合研究所理事長
高橋知之　薬事・食品衛生審議会食品衛生分科会放射性物質対策部会委員、京都大学准教授
長瀧重信　（共同主査）長崎大学名誉教授、元（財）放射線影響研究所理事長
丹羽太貫　京都大学名誉教授
前川和彦　（共同主査）東京大学名誉教授、（独）放射線医学総合研究所緊急被ばく医療ネットワーク会議委員長
〈政府出席者〉
細野豪志　環境大臣兼原発事故の収束及び再発防止担当大臣、中塚一宏 内閣府副大臣、
園田康博　内閣府大臣政務官、高山智司　環境大臣政務官
〈開催の趣旨〉
　現在避難指示の基準となっている年間20ミリシーベルトの被ばくのリスクがどの程度のものなのか、また、子どもや妊婦に対する対応等、特に配慮すべき事項は何かにも焦点をあてて議論を行う。
〈科学的知見と国際的合意〉（以下の、a．等の番号は筆者が付けたもので、原報告書にはない。）

a．広島・長崎の原爆被爆者の疫学調査の結果からは、被ばく線量が100ミリシーベルトを超えるあたりから、被ばく線量に依存して発がんのリスクが増加することが示されている。

b．内部被ばくは外部被ばくよりも人体への影響が大きいという主張がある。しかし、臓器に付与される等価線量が同じであれば、外部被ばくと内部被ばくのリスクは、同等と評価できる。

c．主にアルファ線を出すプルトニウムや主にベータ線を出すストロンチウムは、内部被ばくに関し単位放射能量あたりの実効線量は大きい。しかし、これらが環境中に放出された量はセシウムと比べても極めて少なく、体内に取り込まれる量もセシウムに比べて少ないと考えられる。

d．一般に、発がんの相対リスクは若年ほど高くなる傾向がある。小児期・思春期までは高線量被ばくによる発がんのリスクは成人と比較してより高い。しかし、低線量被ばくでは、年齢層の違いによる発がんリスクの差は明らかではない。

e．チェルノブイリ原発事故における甲状腺被ばくよりも、東電福島第一原発事故による小児の甲状腺被ばくは限定的であり、被ばく線量は小さく、発がんリスクは非常に低いと考えられる。

f．年間20ミリシーベルト被ばくすると仮定した場合の健康リスクは、例えば他の発がん要因（喫煙、肥満、野菜不足等）によるリスクと比べても低いこと、放射線防護措置に伴うリスク（避難によるストレス、屋外活動を避けることによる運動不足等）と比べられる程度であると考えられる。

g．ICRPは、緊急時被ばく状況の参考レベルは、年間20から100ミリシーベルトの範囲の中から選択し、現存被ばく状況の参考レベルは、年間1から20ミリシーベルトの範囲の中から選択するとしている。

h．チェルノブイリ原発事故後の対応として、ウクライナ等の国においては、事故後5年を経た1990年代以降、地域の放射能量が年間5ミリシーベルトを超えた場合、その地域に住み続けている住民をその汚染地域から他の地域へ移住させること（移転）を実施しており、現在もそれが継続している。

i．チェルノブイリ原発事故後の対応では、事故直後1年間の暫定線量限度を年間100ミリシーベルトとした上で、段階的に線量限度を引き下げ、事故後5年目以降に、年間5ミリシーベルトの基準を採用した。

j．一方、東電福島第一原発事故においては、事故後1か月のうちに年間20ミリシーベルトを基準に避難区域を設定した。漸進的に被ばく線量を低減していく参考レベルの考え方を踏まえれば、東電福島第一原発事故における避難の対応は、現時点でチェルノブイリ事故後の対応より厳格であると言える。

〈福島の現状に対する評価〉

k．今回、政府は避難区域設定の防護措置を講じる際に、ICRPが提言する緊急時被ばく状況の参考レベルの範囲（年間20から100ミリシーベルト）のうち、安全性の観点から最も厳しい値をとって、年間20ミリシーベルトを採用している。

l．個々の子どもの被ばく線量を測定すると、何人かの測定値の高い子どもがでてくる。そのような被ばく線量の高い子どもに、医師、放射線技師、保健師、専門家、教育関係者等が個々に対応し、その原因を探り、必要に応じて生活上の助言や精神的サポート、さらに除染を行う等、きめ細かで優しく寄り添った丁寧な対応をとるべきである。

〔まとめ〕

ｍ．年間の被ばく２０ミリシーベルトの健康リスクは、他の発がん要因によるリスクと比べても十分に低い水準であり、放射線防護措置を通じて、十分にリスクを回避できる水準であると評価できる。

ｎ．２０ミリシーベルトは今後より一層の線量低減を目指すに当たってのスタートラインとしては適切であると考えられる。

この会合が開かれたのは、事故から９か月ほど経った時期であり、福島の健康被害の実態がまだ明らかになっていない頃であるが、それを割り引いたとしても、小児の甲状腺がんの発がんリスクは非常に低いと考えられるなど、誤った記載がある。２０ミリシーベルトの根拠については単にＩＣＲＰに書いてあるからというだけである。

被ばく量の基準については第４回の会合で、有識者として出席した児玉龍彦東京大学先端科学技術研究センター教授が痛烈に批判している。

児玉教授・甲斐教授の発言

○ワーキンググループでの児玉龍彦教授の発言

・東電と政府は、放射性物質を飛散させた責任を謝罪し、全国土を１ミリシーベルト／年以下に取り戻す覚悟を決めて除染予算を組むべき。

・危機管理の基本は危機になったあとで、安全基準を変えてはいけないことである。安全基準を達成するためのロードマップを作るべき時に、安全基準を変える議論を始めて、住民の信頼をますます失っていった。

この児玉教授の発言は、これ以上はないほど端的で明瞭であり、異論を挟む余地がない。しかし、同じ回に、同じ有識者として出席した甲斐倫明大分県立看護科学大学教授は、児玉教授と対照的な意見を述べている。

○甲斐倫明教授の国民、特に福島県民に向けた意見（書面にしたもの）

原発事故によって放射性物質で汚染された生活環境を早く回復し、安心した元の生活に戻るための対策が急がれます。低線量の放射線被ばくは土壌汚染からの放射線と食品からの摂取が主たる経路となります。そのとき、線量がリスク管理の指標となりますので、線量を把握することが大切です。しかし、最も心配なことは放射線の不安から心身が不健康になることです。不安なことは市町村保健所などで相談を受けてください。その際、線量や健康に関する情報を丁寧に説明してもらえる信頼関係を作ってください。事故からの復旧は日本全体の問題でもあり、国をあげて応援していることを信じて、東日本大震災のすべての被災者の方々と共に乗り越えていただくことを願っています。

この人は教授でありながら、被ばくによる人体の損傷による疾患と、精神的な不安による疾患の区別がついていないように思われる。被ばくを避けるにはその場所から避難するしかないのに、線量の高いところに住み続けろと言われれば誰でも不安になる。市町村の保健所に相談しても線量が下がるわけではなく、不安を取り除くには、その場所から避難するしかない。仮に相談しても、福島県の医師は甲状腺がんの原因について住民に説明しないし、自治体と信頼関係のないことはＩＣＲＰの新勧告案に対して福島の住民から寄せられた多くの批判的なコメントを見れば明らかである。国を挙げて応援しているなど、耳当たりのよい言葉を連ねているが、その内容は極めて空虚である。

しかし、報告書では甲斐教授の意見が通り、児玉教授の意見は無視されてしまった。

報告書の抜粋について、現在の知見を踏まえると、次のように訂正が必要になると思われる。

ａ．では、被ばく線量が１００ミリシーベルトを超えると発がんのリスクが増加するとされているが、１００ミリシーベルトは確定的影響が発現する目安であり、１ミリシーベルトのような低線量であっても線量が増加すれば発がんのリスクは増加するという考え方がＩＣＲＰも含めて共通認識である。

ｂ．とｃ．では、等価線量が同じであれば外部被ばくと内部被ばくのリスクは同等であり、アルファ線を出すプルトニウムやベータ線を出すストロンチウムでは、内部被ばくの方が実効線量（＝等価線量に組織加重係数を乗じた量を全臓器で総和した量。筆者注）は大きくなるものの、セシウムに比べてその量が少ないので影響は小さいとしているが、内部被ばくについては、内部被ばくの量がわからないことが問題である。プルトニウムとストロンチウムは体内に入ればホールボディカウンターでは測定できないので、正確な量はわからない。また、「体内に取り込まれる量もセシウムに比べて少ない」と考えているということは、「体内に取り込まれるセシウムの量は大きい」と認識していることだから、セシウムも含めて、内部被ばくによる影響があることを前提として考えるべきである。

d．では、低線量被ばくでは、年齢層の違いによる発がんリスクの差は明らかではないとし、e．では、チェルノブイリよりも、福島では甲状腺がんの発がんリスクは非常に低いとしているが、これらの説明は、福島で200人を超える子どもたちが甲状腺がんを発症している事実によって否定される。

f．では、年間20ミリシーベルト被ばくの健康リスクは、喫煙などによるリスクより低く、避難によるストレスと比べられる程度としているが、福島民報の東日本大震災アーカイブ（2018年3月）によれば、震災から7年後の避難ストレス関連死は2200人を超えている。年間20ミリシーベルトの被ばくは7年間で2200人の死者をもたらすことになるが、それでも健康リスクは低いと考えているのだろうか。

g．では、ICRPの緊急時被ばく状況の参考レベル年間20から100ミリシーベルトと、現存被ばく状況の参考レベル年間1から20ミリシーベルトを引用しているが、その数値の根拠の説明はない。

h．では、ウクライナのチェルノブイリ法において、地域が年間5ミリシーベルトを超えた場合、住民の移住が定められていることを紹介している。チェルノブイリでは移住の目安は事故直後1年間では年間100ミリシーベルトであって、事故後5年目から年間5ミリシーベルトになったが（i.）、これに対し福島では、事故後1か月は年間20ミリシーベルトであったが、その後、漸進的に被ばく線量を低減していく考え方をとったので、現時点でチェルノブイリより福島の方が厳格であると言える（j.）としているが、福島の避難の目安は現在まで20ミリシーベルトのままであり、とても福島の方が厳格などと言える状態ではない。

k．では、避難区域設定のために緊急時被ばく状況の参考レベルの範囲のうち最も厳しい値をとって、年間20ミリシーベルトを採用したとしているが、そもそも線量の範囲に下限があるのがおかしい。過度の被ばくを避けるために上限を100ミリシーベルトとするのは理解できるが、下限は限りなく低くするべきである。ICRPはできるだけ被ばくを避けるという原則を理解していないように思われるが、9人の専門家は誰もこの点をおかしいと思わなかったのだろうか。有名なICRPが英語で書いた声明なので、頭から信じ込んだのだろうか。なお、この点はICRPの新勧告案では修正されており、下限値は撤廃されている。

l．では、測定値の高い子どもに対し優しく寄り添った丁寧な対応をとるべきとしているが、これほど実態と乖離した誠実さのない言葉も珍しい。まずなすべきは子どもたちを線量の低い場所へ避難させることであるが、実態は、安全な場所からやってきた専門家が、汚染地区に住む子どもたちに優しく寄り添って「ここにいなさい」というだけである。

m．では、根拠のないままに、20ミリシーベルトが十分にリスクを回避できる水準であると評価され、n．では、20ミリシーベルトは線量低減を目指すスタートラインとしては適切であるとされているが、スタートラインに立ったまま、10年近くたっても、いつまでも線量低減が始まらないのが現状である。

このような形で、20ミリシーベルトの根拠（らしきもの）が作られたのである。

環境省の「特別措置法」に戻ると、その告示である「特別措置法に基づく基本方針」において「20ミリシーベルト」を規定しているが、それは除染事業者に対する除染の目安であって、国民の被ばくの目安ではなかった。それがいつのまにか国民の被ばくの目安のように扱われているのである。

これと同じように、実は、もっとあいまいな形で「20ミリシーベルト」を規定している法律がもうひとつあるのである。2012年6月に施行された、通称「子ども・被災者支援法」と呼ばれる法律である。

子ども・被災者支援法

○東京電力原子力事故により被災した子どもをはじめとする住民等の生活を守り支えるための被災者の生活支援等に関する施策の推進に関する法律

（平成24年6月27日号外法律第48号）

（総理・総務・外務・文部科学・厚生労働・農林水産・経済産業・国土交通・環境大臣署名）

東京電力原子力事故により被災した子どもをはじめとする住民等の生活を守り支えるための被災者の生活支援等に関する施策の推進に関する法律をここに公布する。

（目的）

第一条　この法律は、平成二十三年三月十一日に発生した東北地方太平洋沖地震に伴う東京電力株式会社福島第一原子力発電所の事故（以下「東京電力原子力事故」という。）により放出された放射性物質が広く拡散していること、当該放射性物質による放射線が人の健康に及ぼす危険について科学的に十分に解明されていないこと等のため、一定の基準以上の放射線量が計測される地域に居住し、又は居住していた者及び政府による避難に係る指示により避難を余儀なくされている者並びにこれらの者に準ずる者（以下「被災者」という。）が、健康上の不安を抱え、生活上の負担を強いられており、その支援の必要性が生じていること及び当該支援に関し特に子どもへの配慮が求められていることに鑑み、子どもに特に配慮して行う被災者の生活支援等に関する施策（以下「被災者生活支援等施策」という。）の基本となる事項を定めることにより、被災者の生活を守り支えるための被災者生活支援等施策を推進し、もって被災者の不安の解消及び安定した生活の実現に寄与することを目的とする。

（基本理念）

第二条　被災者生活支援等施策は、東京電力原子力事故による災害の状況、当該災害からの復興等に関する正確な情報の提供が図られつつ、行われなければならない。

2　被災者生活支援等施策は、被災者一人一人が第八条第一項の支援対象地域における居住、他の地域への移動及び移動前の地域への帰還についての選択を自らの意思によって行うことができるよう、被災者がそのいずれを選択した場合であっても適切に支援するものでなければならない。

3　被災者生活支援等施策は、東京電力原子力事故に係る放射線による外部被ばく及び内部被ばくに伴う被災者の健康上の不安が早期に解消されるよう、最大限の努力がなされるものでなければならない。

4　被災者生活支援等施策を講ずるに当たっては、被災者に対するいわれなき差別が生ずることのないよう、適切な配慮がなされなければならない。

5　被災者生活支援等施策を講ずるに当たっては、子ども（胎児を含む。）が放射線による健康への影響を受けやすいことを踏まえ、その健康被害を未然に防止する観点から放射線量の低減及び健康管理に万全を期することを含め、子ども及び妊婦に対して特別の配慮がなされなければならない。

6　被災者生活支援等施策は、東京電力原子力事故に係る放射線による影響が長期間にわたるおそれがあることに鑑み、被災者の支援の必要性が継続する間確実に実施されなければならない。

（国の責務）

第三条　国は、原子力災害から国民の生命、身体及び財産を保護すべき責任並びにこれまで原子力政策を推進してきたことに伴う社会的な責任を負っていることに鑑み、前条の基本理念にのっとり、被災者生活支援等施策を総合的に策定し、及び実施する責務を有する。

（支援対象地域で生活する被災者への支援）

第八条　国は、支援対象地域（その地域における放射線量が政府による避難に係る指示が行われるべき基準を下回っているが一定の基準以上である地域をいう。以下同じ。）で生活する被災者を支援するため、医療の確保に関する施策、子どもの就学等の援助に関する施策、家庭、学校等における食の安全及び安心の確保に関する施策、放射線量の低減及び生活上の負担の軽減のための地域における取組の支援に関する施策、自然体験活動等を通じた心身の健康の保持に関する施策、家族と離れて暮らすこととなった子どもに対する支援に関する施策その他の必要な施策を講ずるものとする。

第一条にあるように、この法律は、「一定の基準以上の放射線量が計測される地域に居住し、又は居住していた者」、「政府による避難に係る指示により避難を余儀なくされている者」及び「これらの者に準ずる者」の3ケースの住民を対象としており、いずれのケースの住民に対しても、第二条第2項にあるように、①支援対象地域における居住、②他の地域への移動、③移動前の地域への帰還、のいずれの選択であっても、自らの意思によって行うことができるよう、国は適切に支援するものでなければならないと定めている。一見するとチェルノブイリ法の理念を取り入れたように思われるが、実は全く似て非なるものである。問題は、「支援対象地域」とは何かということである。

その説明は、この法律の施行より1年以上遅れて、2013年10月に決定された次の文書にある。なお、この間の2012年9月に民主党の野田佳彦内閣総理大臣が原子力規制委員会を発足させ、3か月後の2012年12月に、民主党から自民党への政権交代があった。

○被災者生活支援等施策の推進に関する基本的な方針　平成25年10月

Ⅱ　支援対象地域に関する事項

法第8条は、「その地域における放射線量が政府による避難に係る指示が行われるべき基準を下回っているが一定の基準以上である地域」を「支援対象地域」と規定し、そこに居住する者等に対しては、多岐にわたる施策を網羅的に実施することを求めている。

被災者の置かれた状況は多様であり、必要な支援内容を一律に定めることは容易でないが、原発事故発生後、年間積算線量が20ミリシーベルトに達するおそれのある地域と連続しながら、20ミリシーベルトを下回るが相当な線量が広がっていた地域においては、居住者等に特に強い健康不安が生じたと言え、地域の社会的・経済的一体性等も踏まえ、当該地域では、支援施策を網羅的に行うべきものと考えられる。

このため、法第8条に規定する「支援対象地域」は、福島県中通り及び浜通りの市町村（避難指示区域等を除く。）とする。

この文書によると、支援対象地域とは、「線量が避難指示地域より低いが一定の基準以上の地域」であり、具体的には「年間積算線量が20ミリシーベルトに達するおそれのある地域と連続しながら、20ミリシーベルトを下回るが相当な線量が広がっていた地域」であるとしている。

この文書は発行者の記載がないが、復興庁のＨＰに「子ども・被災者支援法」とともにアップされているので、復興庁から発出された文書と考えられる。告示なのか、通知なのかもわからないが、文書の全文を読むと文部科学省、農林水産省、環境省、厚生労働省、原子力規制庁などの役割分担が書かれているので、各省庁で寄り集まって合意し、閣議決定された文書のように思われる。法第8条の引用から始まっているが、法律との紐付けは明確ではない。そのような文書の中に、突然説明もなく

20ミリシーベルトが出てくるのである。93ページで見た環境省の特別措置法の告示でも20ミリシーベルトが出てきたが、そこでは国際放射線防護委員会（ICRP）の2007年基本勧告及び原子力安全委員会の文書が引用されており、役人が作文したものであっても、根拠を示そうという配慮があった。しかし、この復興庁の文書では、何の前触れもなく、突然20ミリシーベルトが出てくるのである。

この文書は2年後の2015年8月に改訂版が出され、そこでは原子力規制委員会の文書「帰還に向けた安全・安心対策に関する基本的考え方（線量水準に応じた防護措置の具体化のために）平成25年11月20日」が引用されており、そこでようやく20ミリシーベルトの根拠は説明されているが、これを受けて元の法律である「子ども・被災者支援法」が改正され、20ミリシーベルトの根拠が加わったわけではない。依然として、法律には20ミリシーベルトの記載はなく、ただ、性格のわからない復興庁の文書の中に20ミリシーベルトが突然出てくるのである。

今まで見てきた文科省の「暫定的考え方」及び環境省の特別措置法では、20ミリシーベルトの基準は学校の管理者と除染の事業者を規制する数値であって、一般公衆に対する規制ではなかった。しかし、この「子ども・被災者支援法」は、支援対象地域に居住する一般住民を対象としており、20ミリシーベルトの基準が復興庁の一片の文書によって直接に一般公衆に課せられるのである。国会の審議を経ずして、復興庁の役人が一般公衆を規制する数値を書き、それを閣議決定しただけで法律の運用に使っているのである。このような行政が許されるのであろうか。

この「子ども・被災者支援法」の第二条第2項では、被災者の居住・移動・帰還の選択を被災者の意思にまかせ、どのような選択であってもそれを支援することを定めており、その理念は評価されるべきものであるが、支援対象地域の線量の目安を20ミリシーベルトとしたために、いつのまにかそれが居住可能の条件となり、その地域が20ミリシーベルト以下になれば、避難先での住宅支援が打ち切られ帰還を強制されているのが現実である。これでは、とても、子ども・被災者支援とは言えず、子ども・被災者イジメ法と言うべきであろう。

補足ばかり長くなってしまうが、もうひとつ、これで最後であるが、第3章の冒頭に出てきた「原子力災害対策本部」とは何かという点を補足しておきたい。もし、この原災本部の決定が法律と同等の効力があるものであれば、年間20ミリシーベルトの目安も法律と同等の根拠を持つと言えるからである。もしそうであれば、文科省が「暫定的考え方」において、原災本部の顔を立てようとしたことも肯けるし、原災本部から「暫定的考え方」と同じ内容の文書を同日に発出したことも肯ける。

原災本部とは、1999年（平成11年）9月30日に発生した東海村の（株）ジェー・シー・オーにおける臨界事故を契機に制定され、1999年12月17日に施行された「原子力災害対策特別措置法」第16条に基づき、原子力緊急事態発生時に設置が義務づけられた組織である。

原災法の主要な条文を以下に示す。

原子力災害対策特別措置法

○原子力災害対策特別措置法

（平成十一年十二月十七日号外法律第百五十六号）

〔総理・大蔵・通商産業・運輸・自治大臣署名〕

第一章　総則

（目的）

第一条　この法律は、原子力災害の特殊性にかんがみ、原子力災害の予防に関する原子力事業者の義務等、原子力緊急事態宣言の発出及び原子力災害対策本部の設置等並びに緊急事態応急対策の実施その他原子力災害に関する事項について特別の措置を定めることにより、核原料物質、核燃料物質及び原子炉の規制に関する法律、災害対策基本法その他原子力災害の防止に関する法律と相まって、原子力災害に対する対策の強化を図り、もって原子力災害から国民の生命、身体及び財産を保護することを目的とする。

（原子力緊急事態宣言等）

第十五条　原子力規制委員会は、次のいずれかに該当する場合において、原子力緊急事態が発生したと認めるときは、直ちに、内閣総理大臣に対し、その状況に関する必要な情報の報告を行うとともに、次項の規定による公示及び第三項の規定による指示の案を提出しなければならない。

一　第十条第一項前段の規定により内閣総理大臣及び原子力規制委員会が受けた通報に係る検出された放射線量又は政令で定める放射線測定設備及び測定方法により検出された放射線量が、異常な水準の放射線量の基準として政令で定めるもの以上である場合

二　前号に掲げるもののほか、原子力緊急事態の発生を示す事象として政令で定めるものが生じた場合

2　内閣総理大臣は、前項の規定による報告及び提出があったときは、直ちに、原子力緊急事態が発生した旨及び次に掲げる事項の公示（以下「原子力緊急事態宣言」という。）をするものとする。

一　緊急事態応急対策を実施すべき区域

二　原子力緊急事態の概要

三　前二号に掲げるもののほか、第一号に掲げる区域内の居住者、滞在者その他の者及び公私の団体（以下「居住者等」という。）に対し周知させるべき事項

（原子力災害対策本部の設置）

第十六条　内閣総理大臣は、原子力緊急事態宣言をしたときは、当該原子力緊急事態に係る緊急事態応急対策及び原子力災害事後対策（以下「緊急事態応急対策等」という。）を推進するため、内閣府設置法第四十条第二項の規定にかかわらず、閣議にかけて、臨時に内閣府に原子力災害対策本部を設置するものとする。

2　内閣総理大臣は、原子力災害対策本部を置いたときは当該原子力災害対策本部の名称並びに設置の場所及び期間を、当該原子力災害対策本部が廃止されたときはその旨を、直ちに、告示しなければならない。

（第十七条は本部の構成員の規定であり、84ページの第14回原災本部議事録に示すとおりである）

（原子力災害対策本部の所掌事務）

第十八条　原子力災害対策本部は、次に掲げる事務をつかさどる。

一　緊急事態応急対策等を的確かつ迅速に実施するための方針の作成に関すること。

二　緊急事態応急対策実施区域において指定行政機関の長、指定地方行政機関の長、地方公共団体の長その他の執行機関、指定公共機関、指定地方公共機関及び原子力事業者の原子力防災組織が防災計画、原子力災害対策指針又は原子力事業者防災業務計画に基づいて実施する緊急事態応急対策の総合調整に関すること。

三　原子力災害事後対策実施区域において指定行政機関の長（以下前号と同文。筆者注）実施する原子力災害事後対策の総合調整に関すること。

四　この法律の規定により原子力災害対策本部長の権限に属する事務

五　前各号に掲げるもののほか、法令の規定によりその権限に属する事務

（原子力災害対策本部長の権限）

第二十条　原子力災害対策本部長は、前条の規定により権限を委任された職員の当該原子力災害対策本部の緊急事態応急対策実施区域及び原子力災害事後対策実施区域における権限の行使について調整をすることができる。

2　原子力災害対策本部長は、当該原子力災害対策本部の緊急事態応急対策実施区域及び原子力災害事後対策実施区域における緊急事態応急対策等を的確かつ迅速に実施するため特に必要があると認めるときは、その必要な限度において、関係指定行政機関の長及び関係指定地方行政機関の長並びに前条の規定により権限を委任された当該指定行政機関の職員及び当該指定地方行政機関の職員、地方公共団体の長その他の執行機関、指定公共機関及び指定地方公共機関並びに原子力事業者に対し、必要な指示をすることができる。

３　前項に規定する原子力災害対策本部長の指示は、原子力規制委員会がその所掌に属する事務に関して専ら技術的及び専門的な知見に基づいて原子力施設の安全の確保のために行うべき判断の内容に係る事項については、対象としない。

原子力事故が発生すると、まず、第１５条に基づいて「原子力規制委員会」が内閣総理大臣に事故の報告を行い、内閣総理大臣はそれに基づいて原子力緊急事態宣言を公示する。この条文では「原子力規制委員会」となっているが、２０１１年当時はまだ「主務大臣」となっていた。実用発電用原子炉を所管している主務大臣は経済産業大臣であるから、経産大臣が第１５条に基づいて内閣総理大臣に事故の報告を行い、それを受けて内閣総理大臣が原子力緊急事態宣言を公示した。福島の事故時には第１５条第２項に基づき、応急対策を実施すべき区域、緊急事態の概要、居住者等に周知させる事項を記載した次の緊急事態宣言が公示された。

○原子力緊急事態宣言

平成２３年（２０１１年）３月１１日１６時３６分、東京電力（株）福島第一原子力発電所において、原子力災害対策特別措置法第１５条１項２号の規定に該当する事象が発生し、原子力災害の拡大の防止を図るための応急の対策を実施する必要があると認められるため、同条の規定に基づき、原子力緊急事態宣言を発する。

現在のところ、放射性物質による施設の外部への影響は確認されていません。したがって、対象区域内の居住者、滞在者は現時点では直ちに特別な行動を起こす必要はありません。慌てて避難を始めることなく、それぞれの自宅や現在の居場所で待機し、防災行政無線、テレビ、ラジオ等で最新の情報を得るようにして下さい。

繰り返しますが、放射能が現に施設の外に漏れている状態ではありません。落ち着いて情報を得るようにお願いします。

この緊急事態宣言が3月11日の午後7時3分に公示された。緊急事態宣言の公示に続いて、第16条に基づき、内閣府に原子力災害対策本部が設置され、第16条第2項に基づき、直ちにその旨が公示された。

○平成23年（2011年）福島第一原子力発電所事故及び福島第二原子力発電所事故に係る原子力災害対策本部の設置について

平成23年3月12日閣議決定

原子力災害対策特別措置法（平成11年法律第156号）第16条第1項の規定に基づき、下記により、臨時に、原子力災害対策本部（以下、「本部」という。）を設置する。

1．本部の名称並びに設置の場所及び期間は、次のとおりとする。

(1)名　称　平成23年（2011年）福島第一原子力発電所事故及び福島第二原子力発電所事故に係る原子力災害対策本部

(2)設置場所　東京都（総理大臣官邸）
(3)設置期間　平成23年3月12日から原子力緊急事態解除宣言があるまでの間
2．本部の構成員は次のとおりとする。ただし、本部長は必要があると認めたときは、構成員を追加することができる。
本部長　内閣総理大臣
副本部長　経済産業大臣
本部員　総務大臣、外務大臣、財務大臣、文部科学大臣、厚生労働大臣、農林水産大臣、国土交通大臣、環境大臣、内閣官房長官、国家公安委員会委員長、防衛大臣、防災担当大臣、内閣危機管理監
3．原子力災害対策特別措置法第17条第8項の規定に基づき、本部の事務の一部を行う組織として、次のとおり原子力災害現地対策本部を置く。
(1)名　称　平成23年（2011年）福島第一原子力発電所事故及び福島第二原子力発電所事故に係る原子力災害現地対策本部
(2)設置場所　福島県原子力災害対策センター
(3)設置期間　平成23年3月12日から原子力緊急事態解除宣言があるまでの間
4．本部の庶務は、関係行政機関の協力を得て、内閣官房において処理する。
5．本部会合には、原子力安全委員会委員長が出席する。
6．本部に幹事を置く。幹事は、関係行政機関の職員で本部長の指名した官職にある者とする。

7．前各項に定めるもののほか、対策本部の運営に関する事項その他必要な事項は本部長が定める。

以上

本文書の1．⑶にあるとおり、原災本部の設置期間は「平成23年3月12日から原子力緊急事態解除宣言があるまでの間」であるが、解除宣言は現在でも公示されず、従って、原災本部は現在でも廃止されずに時折開催されている。直近の開催は令和2年1月17日の第50回であり、その議事録は第5章の190ページに示している。

民主党政権の最後の原災本部は、2012年11月30日に開催された第27回であるが、本部長は野田佳彦内閣総理大臣であり、副本部長としてこの時から原子力規制委員長が加わっている。その流れは政権交代後も引き継がれ、現在でも規制委員長が副本部長として加わっている。問題は、この原災本部がどのような権限を持っているかである。端的に言えば、一般公衆に被ばくを強制するような権限を持っているのかどうかである。

原災本部の所掌事務は第18条に定められているが、そこには事故の進展に対する応急対策の方針の作成、各行政機関及び原子力事業者が行う応急対策の総合調整が挙げられており、これを見る限り、一般公衆に対して被ばくを強制するような権限は与えられていない。

また、第20条では原災本部長として独自の権限も与えられているが、これも各行政機関及び原子力事業者に対する指示に限られており、一般公衆を対象とするものではない。この原災本部長が行う指示は、第20条第3項に基づき、「原子力規制委員会がその所掌に属する事務に関して専ら技術的及び専門的な知見に基づいて原子力施設の安全の確保のために行うべき判断の内容に係る事項については、対象としない」とされている。回りくどい表現であるが、裏を返せば、原子力の技術的及び専門的な事項については本部長ではなく、副本部長である原子力規制委員長に所掌させるという趣旨であろう。被ばくの目安についても、規制委員長の所掌範囲になると思われる。今後、原子力規制委員会の役割が重要になることは間違いないであろう。

以上のように原災法を見た限りでは、原災法に基づいて設置された原災本部も原災本部長も、一般公衆に被ばくを強制するような権限を持っていないと考えられるが、その一方で、各行政機関を通じて20ミリシーベルトを目安とし、一般公衆の帰還を半ば強制していることは事実である。

例えば、2019年4月5日の第49回の原災本部では、大熊町における避難指示区域の解除が議題になっており、大熊町長に対する解除の指示と居住者に対する周知が決められている。避難指示解除の要件としては、20ミリシーベルトを目安とすることが明記されている。

第49回原災本部会議

○第49回原子力災害対策本部会議　2019年4月5日（金）

本部長：安倍晋三内閣総理大臣

副本部長：菅義偉内閣官房長官、世耕弘成経済産業大臣、原田義昭環境大臣、更田豊志原子力規制委員会委員長

本部員：麻生太郎財務大臣、石田真敏総務大臣、山下貴司法務大臣、河野太郎外務大臣、柴山昌

彦文部科学大臣、根本匠厚生労働大臣、吉川貴盛農林水産大臣、石井啓一国土交通大臣、岩屋毅防衛大臣 等

【要旨】大熊町における避難指示区域の解除について（案）

1．東京電力株式会社福島第一原子力発電所事故に伴い、大熊町において設定された居住制限区域及び避難指示解除準備区域について、『「原子力災害からの福島復興の加速に向けて」改訂（平成27年6月12日 原子力災害対策本部決定）』における避難指示解除の要件を満たすことから、解除することを決定する。

2．上記1．の解除は、平成31年4月10日午前0時に行う。

3．本決定を踏まえ、大熊町長に対し、別添のとおり指示を行う。

以上

【参考】避難指示解除の要件について

・避難指示解除の要件（「ステップ2の完了を受けた警戒区域及び避難指示区域の見直しに関する基本的考え方及び今後の検討課題について」（平成23年12月26日 原子力災害対策本部より））

①空間線量率で推定された年間積算線量が20ミリシーベルト以下になることが確実であること

②電気、ガス、上下水道、主要交通網、通信など日常生活に必須なインフラや医療・介護・郵便などの生活関連サービスが概ね復旧すること、子どもの生活環境を中心とする除染作業が十分に進捗すること

③県、市町村、住民との十分な協議

末尾に引用されている原災本部の資料の表題中にある「ステップ2」というのは、東京電力が2011年4月17日に示した事故収束までの工程表にある用語で、ステップ1は確実に原子炉を冷却し、放射性物質の放出を減少に向かわせる段階（3か月程度）、ステップ2は原子炉を100℃未満の安定状態に保つ冷温停止にし、放射性物質の漏出を大幅に抑える段階（3〜6か月程度）を指している。今後、原災本部は避難指示を解除することがその役割となっていくと思われる。補足を含めて第3章が長くなったので、もう一度まとめておく。

年間20ミリシーベルトの被ばくの目安はICRPの声明に基づいて文科省が原案を作り、首相を本部長とする原子力災害対策本部と原子力安全委員会が決定したものであるが、文科省の通知には法律の裏付けがなく、学校関係者には指示ができても、そこで学ぶ子どもたちには指示ができないと考えられる。

環境省の「環境の汚染への対処に関する特別措置法」では、告示において「年間20ミリシーベルト」を規定しているが、その数値は土壌を除染する時の除染事業の目標として定められており、その場所に居住する一般公衆に対する被ばくの目標ではない。

「低線量被ばくのリスク管理に関するワーキンググループ」が2011年10月から12月に開かれ、20ミリシーベルトは十分にリスクを回避できる水準であり、線量低減を目指すスタートラインとしては適切であるとされたが、その根拠は明確ではない。

「子ども・被災者支援法」では、復興庁の内部文書において支援対象地域の規定の目安が20ミリシーベルトとされているが、その文書の法的位置づけは明確ではない。この法律は住民に20ミリシーベルトまでの被ばくを強制する、とても支援とは言えない施策となっている。

原子力災害対策本部についても、一般公衆の被ばく線量の限度を20ミリシーベルトとするような権限は与えられていないものと考えられる。

なお、20ミリシーベルトへの対応については、以上に示した文書のほかにも、さまざまな文書が発出されており、例えば、原安委からは環境省の特別措置法告示に引用されていた「東京電力株式会社福島第一原子力発電所事故の影響を受けた廃棄物の処理処分等に関する安全確保の当面の考え方について」(平成23年6月3日)と、「今後の避難解除、復興に向けた放射線防護に関する基本的な考え方について」(平成23年7月19日)などがある。

原災本部からはこれらとほぼ同じ内容の「事故発生後1年間の積算線量が20ミリシーベルトを超えると推定される特定の地点への対応について」(平成23年6月16日)と「ステップ2の完了を受けた警戒区域及び避難指示区域の見直しに関する基本的考え方及び今後の検討課題について」(平成23年12月26日)などがある。

これらの文書はその形を変えながらも、内容は原子力規制委員会の文書に引き継がれているので、今後は第5章において原子力規制委員会の文書を見ていくことにする。

なお、本章の冒頭に書いた、東電の責任者が炉規法の罰則規定を受けない理由については、炉規法には一般公衆を被ばくさせた場合の罰則規定がないためと思われる。そもそも原子力基本法の考え方に基づけば、一般公衆が被ばくするはずはないのである。一方で、労働者の被ばく量の規制については、「労働安全衛生法」及び「電離放射線障害防止規則」（昭和４７年労働省令第４１号）または「東日本大震災により生じた放射性物質により汚染された土壌等を除染するための業務等に係る電離放射線障害防止規則」（平成２３年厚生労働省令第１５２号）があり、これには罰則規定もあるが、あくまで労働者が対象であって、一般公衆が対象ではないのである。

4　２０ミリシーベルトの根拠はあるのか

前章で見てきたように、20ミリシーベルトの基準は、事故後に4月からの学校再開を迫られた文部科学省により作られた。原子力安全委員会から提言を受けられなかったので、その時に手元にあったICRPの声明が利用され、その後、首相を本部長とする原子力災害対策本部と原安委によって形が整えられて、まず、教育関係者に通知された。

その後、環境省の特別措置法では廃棄物処理や土壌の汚染の目標として使われ、復興庁の子ども・被災者支援法では支援対象地域の定義に使われ、原災本部では避難指示区域の解除の基準にも使われた。

また、「低線量被ばくのリスク管理に関するワーキンググループ」では理論付けが行われた。

・20ミリシーベルトの健康リスクは他の発がん要因によるリスクと比べても十分に低い水準であり、放射線防護措置を通じて、十分にリスクを回避できる水準であると評価できる。

・20ミリシーベルトは今後より一層の線量低減を目指すに当たってのスタートラインとしては適切であると考えられる。

このようにして20ミリシーベルトが基準として既成事実化してしまったのが現状である。ここでは、まず、文科省がよりどころとしたICRPの声明を読んでみたい。これは声明であるから、宛先は書かれていない。後の説明のため段落には①等の番号を振り、ICRPの独特の用語については傍点を打ち、別途解説を付記した。重要な段落には原文を併記した。原文中で引用されている各勧告の表記はPUB103等の表記に直した。各勧告の要約は第1章の30ページ以降に示したとおりである。

ICRP声明

○ICRP声明　2011年3月21日（筆者訳）
福島原発事故について
①国際放射線防護委員会（ICRP）は通常、個々の国でのイベントについてコメントしていません。しかし、最近の悲劇的なイベントの影響を受けた日本の皆さんに深い同情を表明したいと思います。私たちの思いは皆さんとともにあります。
②私たちはこれまでもイベントの展開を把握し続けて来ましたが、特に福島原子力発電所でのイベントについては、日本政府と国際組織と専門家団体から提供される情報や、日本人の何人かの同僚を通じて把握し続けています。
③私たちは、状況のコントロールを取り戻すための現在の努力がまもなく成功すること、及び、緊急事態と汚染地域の放射線防護に関する最近の勧告が現在および将来の状況の対処に有用であることが立証されることを願っています。
④委員会は、緊急時被ばく状況、及び、現存被ばく状況における電離放射線への被ばくに関して、十分な防護の程度を確保するために、最適化と参考レベルの使用を引き続き勧告します。
⑤緊急時の公衆の防護のため、委員会は、当局が最大の計画残存線量について参考レベルを20から100ミリシーベルトの範囲に設定することを引き続き勧告します（PUB103、表8）。

For the protection of the public during emergencies the Commission continues to recommend that national authorities set reference levels for the highest planned residual dose in the band of 20 to 100 millisieverts (mSv) (ICRP 2007, Table 8).

⑥放射線源がコントロールされている場合でも、汚染された領域が残る場合があります。当局は多くの場合、これらの地域を放棄するのではなく、人々がそこに住み続けることを可能にするために必要なすべての防護対策を実施します。この場合、委員会は、年間１～２０ミリシーベルトの範囲で参考レベルを選択し、長期目標として参考レベルを年間１ミリシーベルトに減らすことを引き続き勧告します（ＰＵＢ１１１、段落４８～５０）。

When the radiation source is under control contaminated areas may remain. Authorities will often implement all necessary protective measures to allow people to continue to live there rather than abandoning these areas. In this case the Commission continues to recommend choosing reference levels in the band of 1 to 20 mSv per year, with the long-term goal of reducing reference levels to 1 mSv per year (ICRP 2009b, paragraphs 48-50).

⑦委員会は、緊急時被ばく状況に関与する救助隊員の重篤な確定的傷害の発生を回避するために、５００～１０００ミリシーベルトの参考レベルを引き続き勧告します。これは、計画段階と対応中の両方で、必要に応じ、予想される被ばくをこれらのレベル未満に減らすために、重要なリソースを費やすことが正当化されることを意味します（ＰＵＢ１０３、表8及びＰＵＢ１０９、段落ｅ）。

⑧さらに、委員会は、他者への利益が救助者のリスクを上回る場合、情報を知らされた志願者によ

る救命活動については線量を制限しないことを引き続き勧告します（PUB103、表8）。

⑨私たちは、この困難な状況に対処する日本の専門家の多大な努力を注視しており、次回のソウル会議で、緊急時被ばく状況に関する勧告に関連して学んだ教訓を検討することを計画しています。

国際放射線防護委員会を代表して　Claire Cousins（委員長）　Christopher Clement（事務局長）

声明が出されたのは事故の十日後であり、事故後の慌ただしい状況に配慮したものか、それほど長くない声明であるが、誰もがわかりにくい文章であると感じるのではないだろうか。わかりにくさの第一の要因は、ICRP独特の用語の使い方にあると思うので、まず用語の意味の理解から始めなければならない。ICRP勧告には「用語解説」も付いているので、そこから、傍点を打った用語の意味を抜粋して以下に示す。なお、ページ番号はすべて日本語版の勧告のページ番号である。

○ICRP勧告の用語解説

・緊急時被ばく状況（Emergency exposure situation）PUB103、G4ページ
　ある行為を実施中に発生し、至急の対策を要する不測の状況。緊急時被ばく状況は行為から発生することがある。

・現存被ばく状況（Existing exposure situation）PUB103、G4ページ
　自然バックグラウンド放射線やICRP勧告の範囲外で実施されていた過去の行為の残留物などを含む、管理に関する決定をしなければならない時点で既に存在する状況。

・最適化（Optimisation）ＰＵＢ１０３、Ｇ１３ページ、段落２０３
　防護の最適化の原則：いかなるレベルの防護と安全が、被ばく及び潜在被ばくの確率と大きさ（被ばくの生じる可能性、被ばくする人の数及び彼らの個人線量の大きさ）を、経済的・社会的要因を考慮の上、合理的に達成可能な限り低くできるかを決めるプロセス。
・参考レベル（Reference level）ＰＵＢ１０３、Ｇ５ページ
　緊急時又は現存の制御可能な被ばく状況において、それを上回る被ばくの発生を許す計画の策定は不適切であると判断され、またそれより下では防護の最適化を履行すべき、線量又はリスクのレベルを表す用語。参考レベルに選定される値は、考慮されている被ばく状況の一般的な事情によって決まる。
・計画被ばく状況（Planned exposure situation）ＰＵＢ１０３、Ｇ４ページ
　廃止措置、放射性廃棄物の処分、及び以前の占有地の復旧を含む、線源の計画的操業を伴う日常的状況。操業中の行為は計画被ばく状況である。
・残存線量（Residual dose）ＰＵＢ１０３、Ｇ５ページ、段落２７６
　防護措置が完全に履行された後に（又は、いかなる防護措置もとらないという決定がなされた後に）被ると予想される線量。または、緊急時において放射線に関する状況の評価と、様々な防護方策の履行を含む総合的な防護戦略を立てた後に、その防護戦略が履行された場合に結果として生じる線量
・正当化（Justification）ＰＵＢ１０３、Ｇ７ページ

⑴放射線に関係する計画された活動が、総合的に見て有益であるかどうか、すなわち、その活動の導入又は継続が、活動の結果生じる害（放射線による損害を含む）よりも大きな便益を個人と社会にもたらすかどうか、あるいは、⑵緊急時被ばく状況又は現存被ばく状況において提案されている救済措置が総合的に見て有益でありそうかどうか、すなわち、その救済措置の導入や継続によって個人及び社会にもたらされる便益が、その費用及びその措置に起因する何らかの害又は損傷を上回るかどうかを決定するプロセス。

（以下の用語は声明には出てこないが、関連する用語である。）

・介入（intervention）ＰＵＢ６０、段落１０６

人間活動のあるものは総放射線被ばくを増加させる。これらを行為と呼ぶ。他の人間活動は、現在ある被ばくの原因に影響を与えて総被ばくを減らすことができる。現在ある線源を撤去したり、経路を変えたり、被ばくする個人の数を減らしうる。これらを介入と記す。

・個人線量限度（Dose limit）ＰＵＢ１０３、Ｇ９ページ

計画被ばく状況から個人が受ける、超えてはならない実効線量又は等価線量の値。

・線量拘束値（Dose constraint）ＰＵＢ１０３、Ｇ９ページ

ある線源からの個人線量に対する予測的な線源関連の制限値。線源から最も高く被ばくする個人に対する防護の基本レベルを提供し、またその線源に対する防護の最適化における線量の上限値としての役割を果たす。職業被ばくについては、線量拘束値は最適化のプロセスで考察される複数の選択肢の範囲を制限するために使用される個人線量の値である。公衆被ばくについては、

線量拘束値は、管理された線源の計画的操業から公衆構成員が受けるであろう年間線量の上限値である。

用語の解説を読んで、かえってわかりにくさが増したかもしれないが、少なくとも20ミリシーベルトに関係するところは理解しなければならない。

最初の段落①と②は前書きのような決まり文句であるが、ICRPが当然のことながら福島の事故に多大な関心を持っていることがわかる。

段落③では、ICRPの最近の勧告すなわちPUB103、PUB109及びPUB111を用いるように勧め、段落④では「緊急時被ばく状況」と「現存被ばく状況」における「最適化」と「参考レベル」という考えを使うことを勧告している。このうち「最適化」についてはICRPが勧告しているにもかかわらず、文科省がすべての「経済的・社会的要因を考慮の上、合理的に達成可能な限り低くできるか」を検討して20ミリシーベルトの目安を設定したという経緯は確認できない。この声明の是非はともかく、文科省は目安の設定に当たって、声明が勧告する「最適化」を実行していないと思われる。環境省、復興庁そして原子力規制委員会においても「最適化」は実行されていない。

段落⑤では「緊急時の公衆の防護のため、最大の計画残存線量の参考レベルを20から100ミリシーベルトの範囲に設定する（PUB103、表8）」ことが勧告されている。ここで引用されているPUB103の表8はICRPの考え方の基本と思われるので、表8から「公衆被ばく」に関する「今回の勧告」の部分を抜き出して要約すると次のようになる（表8は前回の1990年勧告と今回の200

表８　1990 年勧告と 2007 年勧告の防護規準の比較
（PUB103 の表８より、公衆被ばくに関する部分を抜粋）

被ばくのカテゴリー（刊行物番号）	1990 年勧告とその後の刊行物	今回の勧告
計画被ばく状況		
	個人線量限度	
公衆被ばく（60） - 眼の水晶体 - 皮膚	年間 1mSv 15mSv/ 年 50mSv/ 年	年間 1mSv 15mSv/ 年 50mSv/ 年
	線量拘束値	
公衆被ばく（77, 81, 82）		
- 一般	—	状況に応じ、1mSv/ 年以下で選択
- 放射性廃棄物処分	≦ 0.3mSv/ 年	≦ 0.3mSv/ 年
- 長寿命放射性廃棄物処分	≦ 0.3mSv/ 年	≦ 0.3mSv/ 年
- 長期被ばく	＜～１及び～ 0.3mSv/ 年	＜～１及び～ 0.3mSv/ 年
- 長寿命核種からの長期成分	≦ 0.1mSv/ 年	≦ 0.1mSv/ 年
緊急時被ばく状況		
	介入レベル	**参考レベル**
公衆被ばく（63, 96）		
- 食糧	10mSv/ 年	
- 安定ヨウ素の配布	50 ～ 500mSv（甲状腺）	
- 屋内退避	２日で５～ 50mSv	
- 一時的な退避	１週間で 50 ～ 500mSv	
- 恒久的な移住	初年度に 100mSv 又は 1000mSv	
-1 つの全体的な防護戦略に統合されたすべての対策	……	計画では、状況に応じ一般的に 20mSv/ 年から 100mSv/ 年の間
現存被ばく状況		
	一般参考レベル	**参考レベル**
NORM、自然バックグラウンド放射線、人間の居住環境中の放射性残渣（82） 介入：		
- 正当化できそうにない - 正当化できるかもしれない - ほとんど常に正当化できる	＜～ 10mSv/ 年 ＞～ 10mSv/ 年 100mSv/ 年まで	状況に応じ 1mSv/ 年から 20mSv/ 年の間

7年勧告を対比した形で書かれている。ぜひ、PUB103の日本語版75ページの表8を見てほしい）。

まず、大きく、「計画被ばく状況」、「緊急時被ばく状況」及び「現存被ばく状況」の3区分に分けられている。

「計画被ばく状況」では、「公衆被ばく」に対する勧告が2つあり、「個人線量限度」が年間1ミリシーベルト、また、「線量拘束値」が「状況に応じ年間1ミリシーベルト以下で選択」と勧告されている。

次に「緊急時被ばく状況」では、もはや「個人線量限度」と「線量拘束値」は表に現れず、「公衆被ばく」として『1つの全体的な防護戦略に統合されたすべての対策』に対する「参考レベル」が『計画では、状況に応じ一般的に20ミリシーベルト／年から100ミリシーベルト／年の間』と勧告されている。ここに声明に書かれていた「20から100ミリシーベルト」という数値が出てくる。

『　』で囲った部分の日本語はわかりにくいので、原文も示しておく。

『- all countermeasures combined in an overall protection strategy』

『In planning, typically between 20 and 100 mSv/year according to the situation』

最後に、「現存被ばく状況」では、「公衆被ばく」は表に現れず、『NORM、自然バックグラウンド放射線、人間の居住環境中の放射性残渣』に対する「参考レベル」が『状況に応じ1ミリシーベルト／年から20ミリシーベルト／年の間』と勧告されている。なお、NORM（Naturally occurring radioactive material）は自然起源の放射性物質のことである。

ここでも『　』で囲った部分の原文を示しておく。

『NORM, natural background radiation, radioactive residues in human habitat』
『Between 1 and 20 mSv/year according to the situation』

現存被ばく状況での「参考レベル」には注がついており、「参考レベルは残存線量を意味し、個々の防護措置の結果回避された線量を意味した過去の勧告の介入レベルと異なり、防護戦略を評価するために使用される」とある。

段落⑤に戻って、ここは「緊急時被ばく状況」に関するところであるが、参考レベルが２０から１００ミリシーベルトの範囲に設定されている。前述のとおり（１０６ページのk.）、ここで過度の被ばくを避けるために上限を１００ミリシーベルトとするのは理解できるが、下限値があるのはおかしい。緊急時であっても、できるだけ被ばくの低減を図るのが放射線防護の基本であり、この声明の時点では、ＩＣＲＰはその基本を理解していないように思われるが、今回の新勧告案では下限値は撤廃されている。

また、参考レベルが適用される被ばく量として「計画残存線量」が出てきているが、「残存線量」の定義は「緊急時において放射線に関する状況の評価と、様々な防護方策の履行を含む総合的な防護戦略を立てた後に、その防護戦略が履行された場合に結果として生じる線量」のことであった。

従って、このような残存線量が緊急時の被ばくの目安として用いられるには、防護戦略の立案とその履行が前提となるが、福島の事故後の混乱した状況において、それが可能であったとは考えられない。ＩＣＲＰは本当に、日本の当局が総合的な防護戦略を立案し、それが履行されていると認識してこの声明を出したのだろうか。また、日本の当局はこの声明を用いるならば防護戦略の立案と履行が必要であることを認識していたのだろうか。

「残存線量」に「計画（planned）」がついていることも理解を混乱させる。「残存線量」は防護戦略の履行後の結果であるから事前に計画できるようなものではないと考えられるが、なぜ「計画」をつけたのであろうか。本当に、ＩＣＲＰは自らの勧告を理解した上で、この声明を出したのだろうか。

次に段落⑥では、「放射線源がコントロールされている場合で、汚染された領域が残る場合」すなわち「現存被ばく状況」を扱っており、「年間1～20ミリシーベルトの範囲で参考レベルを選択し、長期目標として参考レベルを年間1ミリシーベルトに減らすこと」が勧告されている。

ここではＰＵＢ１０３の表8を引用せず、ＰＵＢ１１１の段落４８～５０を引用している。表8にも「現存被ばく状況」の参考レベルとして「状況に応じ1ミリシーベルト／年から20ミリシーベルト／年の間」という記載はあるのだが、ここでは声明を尊重し、ＰＵＢ１１１の段落４８～５０を見てみる。少し長い引用になるが、ＩＣＲＰが被ばくした住民をそのまま汚染地域に居住させようとする意図がよく出ているところなので、そのまま引用する。

ＰＵＢ１１１勧告

○ＰＵＢ１１１　段落４８～５０

（４８）緊急時被ばく状況に続く現存被ばく状況の場合、放射線源は制御可能になるが、状況の制御可能性は困難なままであり、日常生活において住民は常に警戒することが求められる。これは、汚染地域に居住する住民にとって、また、総じて社会にとって重荷となる。しかしながら、住民および社会のいずれも被災した地域に居住し続けることに便益を見出すであろう。国は一般にその領土の一部を失うことを受け入れることはできず、また住民のほとんどは非汚染地域に（自発的であってもなくても）移住させられるよりも一般に自分の住居に留まる方を好んでいる。その結果、汚染レベルが持続可能な人間活動を妨げるほど高くない場合、当局は人々に汚染地域を放棄させるのではなく、むしろ汚染地域での生活を継続するために必要なすべての防護措置を履行しようとするであろう。これらを考慮すれば、適切な参考レベルは、できれば委員会によって提案された1～20ミリシーベルトのバンドで選ばれるべきであると示唆される。

（49）参考レベルの値は、社会生活、経済生活および環境生活の持続可能性、並びに被災した住民全体の健康（WHO、1948）など多くの相互に関連する要因のバランスを慎重に検討した結果に基づくべきである。参考レベルの値を選定するプロセスもまた、関係するすべてのステークホルダーの見解を適切に取り入れるために注意深くバランスをとるべきである。

（50）現存被ばく状況にとっての長期目標は、「被ばくを通常と考えられるレベルに近いかあるいは同等のレベルまで引き下げること」（PUB103、段落288）であることから、汚染地域内に居住する人々の防護の最適化のための参考レベルは、このカテゴリーの被ばく状況の管理のためにPUB103で勧告された1～20ミリシーベルトのバンドの下方部分から選択すべきであることを、委員会は勧告する。過去の経験は、長期の事故後の状況における最適化プロセスを拘束するために用いられる代表的な値が1ミリシーベルト／年であることを示している（付属書Aを参照）。国の当局は、その時点で広く見られる状況を考慮に入れ、また、復旧プログラム全体のタイミングを利用して、状況を徐々に改善するために中間的な参考レベルを採用してもよい。

このPUB111と、その基礎となったPUB103は1986年4月26日のチェルノブイリ原子力発電所事故の後に出されたもので、もちろん、福島の事故の前であるが、あたかも福島の事故を予想したかのように、福島の事故後の現在の日本の当局の考え――住民を被ばく状況に住み続けさせせ、移住させない――を、そっくり先取りしていることには驚かされる。少し短く要約してみる。

・PUB111段落48〜50要約

放射能汚染の制御は重荷となるが、住民および社会のいずれも被災した地域に居住することに便益を見出すであろう。住民のほとんどは移住よりも自分の住居に留まる方を好んでいる。当局は汚染地域での生活のために防護措置を履行しようとするであろう。このための参考レベルは1〜20ミリシーベルトのバンドで選ばれるべきである。

この参考レベルの値は、社会生活、経済生活および環境生活の持続可能性、並びに被災した住民全体の健康などを検討し、すべてのステークホルダーの見解を適切に取り入れるべきである。

長期目標は、PUB103で勧告された1〜20ミリシーベルトのバンドの下方部分から選択すべきである。

ICRPは、福島の住民が「被災した地域に居住することに便益を見出し、自分の住居に留まる方を好んでいる」と、何をもって判断して、これを声明に引用したのだろうか。もちろん、誰でも住み慣れた地域に居住することに便益を見出すのは当然であるが、だからと言って、放射能の汚染地区に住み続けたいと思う人が本当にいると、ICRPは信じているのだろうか。

ICRPが自分に都合のよい結論に導きたいために、このような根拠のない推論をあたかも事実のようにして声明に引用するのは全く適切ではない。このような根拠のない推論を前提としたために、当局の防護措置も、防護措置とは言いながら、住民を被ばくから防護するのではなく、汚染地域での生活を継続することが目的になってしまった。社会生活と経済生活を優先させて、被災住民の健康を守ることを一番後回しにしたのである。その結果、この声明に基づいて文科省が定めた防護措置の具体策は「暫定的考え方」にあるように、

①校庭・園庭等の屋外での活動後等には、手や顔を洗い、うがいをする。
②土や砂を口に入れないように注意する。
③土や砂が口に入った場合には、よくうがいをする。
④登校・登園時、帰宅時に靴の泥をできるだけ落とす。
⑤土ぼこりや砂ぼこりが多いときには窓を閉める。

というような小手先の対応に留まり、抜本的に児童生徒たちを放射線から安全な場所へ避難させるという発想が全く欠如しているものとなった。

現存被ばく状況での参考レベルの長期目標は1~20ミリシーベルトのバンドの下方部分から選ばれるべきであるとされているが、このように範囲を付けた記載をすれば、当局はその範囲の高い方で

ある20ミリシーベルトを基準に使うのは目に見えており、事実そのようになっている。ICRPですら「下方部分から」と勧告してるのに、日本の当局はそれを無視して、最大値の20ミリシーベルトを基準にしているのである。参考レベルを決める際に、ステークホルダーの見解を適切に取り入れるべきとされているが、福島の被災者の意見が国の施策に反映されていないことは、新勧告案に対する被災地からの多くのコメントを見れば明らかである。

段落⑦では、緊急時の救助隊員に対して、その救助行為が正当化されるならば500～1000ミリシーベルトの参考レベルを勧告し、段落⑧ではさらに、他者への利益が救助者のリスクを上回る場合、情報を知らされた志願者による救命活動については線量を制限しないことを勧告しているが、ここまでくると、もはや一民間団体であるICRPの扱える範囲を超えていると思われる。緊急時に救助に向かう者に対して、ICRPが1000ミリシーベルトまで許していると言っても、救助者はそれに何らかの意味を見いだすだろうか。

この声明は住民を被ばくから守るのではなく、住民を汚染地域に住み続けさせるために出されたものであると段落⑥で正直に述べられているが、声明の意図はともかく、一番の問題は被ばくの限度の根拠である。目安値として、100、20、1ミリシーベルトが出てくるが、その根拠が妥当であれば、この声明が無価値というわけではない。

そこで、次に、これらの数値の根拠を見てみる。

まず、100ミリシーベルトであるが、これについてはPUB103にその根拠が示されている。

100、20、1ミリシーベルトの根拠

○100ミリシーベルトの根拠（PUB103）

（236）100ミリシーベルトよりも高い線量では、確定的影響と、がんの有意なリスクの可能性が高くなる。これらの理由から、委員会は、参考レベルの最大値は急性で受ける若しくは年間を通して受ける100ミリシーベルトであると考える。急性あるいは年間のいずれかで受ける100ミリシーベルトよりも高い被ばくは、被ばくが避けられないか、若しくは人命救助や最悪の事態の防止のような例外的状況における被ばくのいずれかによる究極の事情の下においてのみ正当化されるであろう。他の個人的または社会的便益は、そのような高い被ばくの代償とはならない（PUB96参照）。

確定的影響とは、臓器・組織を構成する細胞の細胞死に基づく影響のことを言う。これに対比されるものとして確率的影響があり、がんの発症のように、しきい線量がなく線量の増加に伴って影響の発生確率が増大するような影響を言う。

この100ミリシーベルトを超えると確定的影響が現れるという点については、多くの研究者の間で概ね合意されているように思われる。ただし、がんの有意なリスクの可能性が高くなるという点については、特に100ミリシーベルトが境界になるわけではなく、どのような線量であっても線量が増えれば、がんの有意な可能性が高くなると考えられている。これについては、ICRPも後述す

るLNTモデルを採用しているので、同じ考えである。このように、確定的影響が現れる限度として、100ミリシーベルトについては、根拠があるものと考えてよいと思われる。

次に、20ミリシーベルトは後回しにして、先に1ミリシーベルトについてその根拠を見ておきたい。1ミリシーベルトについては、1990年勧告（PUB60）にその根拠が示されている。

○1ミリシーベルトの根拠（PUB60）

（191）年実効線量が1ミリシーベルト～5ミリシーベルトの範囲の継続した追加被ばくの影響は附属書Cに示してある。それらは判断のための基礎としてわかりやすいものではないが、1ミリシーベルトをあまり超えない年線量限度の値を示している。一方、附属書Cの図C―7のデータは、たとえ5ミリシーベルト／年の継続的被ばくによっても、年齢別死亡率の変化は非常に小さいことを示している。非常に変動しやすいラドンによる被ばくを除けば、自然放射線源からの年実効線量は約1ミリシーベルトであり、海抜の高い地域およびある地域ではこの2倍である。これら全てを考慮して、委員会は、年実効線量限度1ミリシーベルトを勧告する。

（192）今回、公衆の被ばくに関する限度は、一年について1ミリシーベルトの実効線量として表されるべきであることを勧告する。しかしながら、特殊な状況においては、5年間にわたる平均が年当たり1ミリシーベルトを超えなければ、単一年にこれよりも高い実効線量が許されることもありうる。このことは以前の勧告のわずかな変更であるから、委員会は、新しい勧告を施行しようとする時には、5年の期間はさかのぼって適用すべきであることを勧告する。この目的には、

図 C-7　誕生から一生涯にわたって年あたり 5mSv 被ばくしたあとの条件付全年死亡確率の変化（基準はスウェーデン人集団、1986 年）

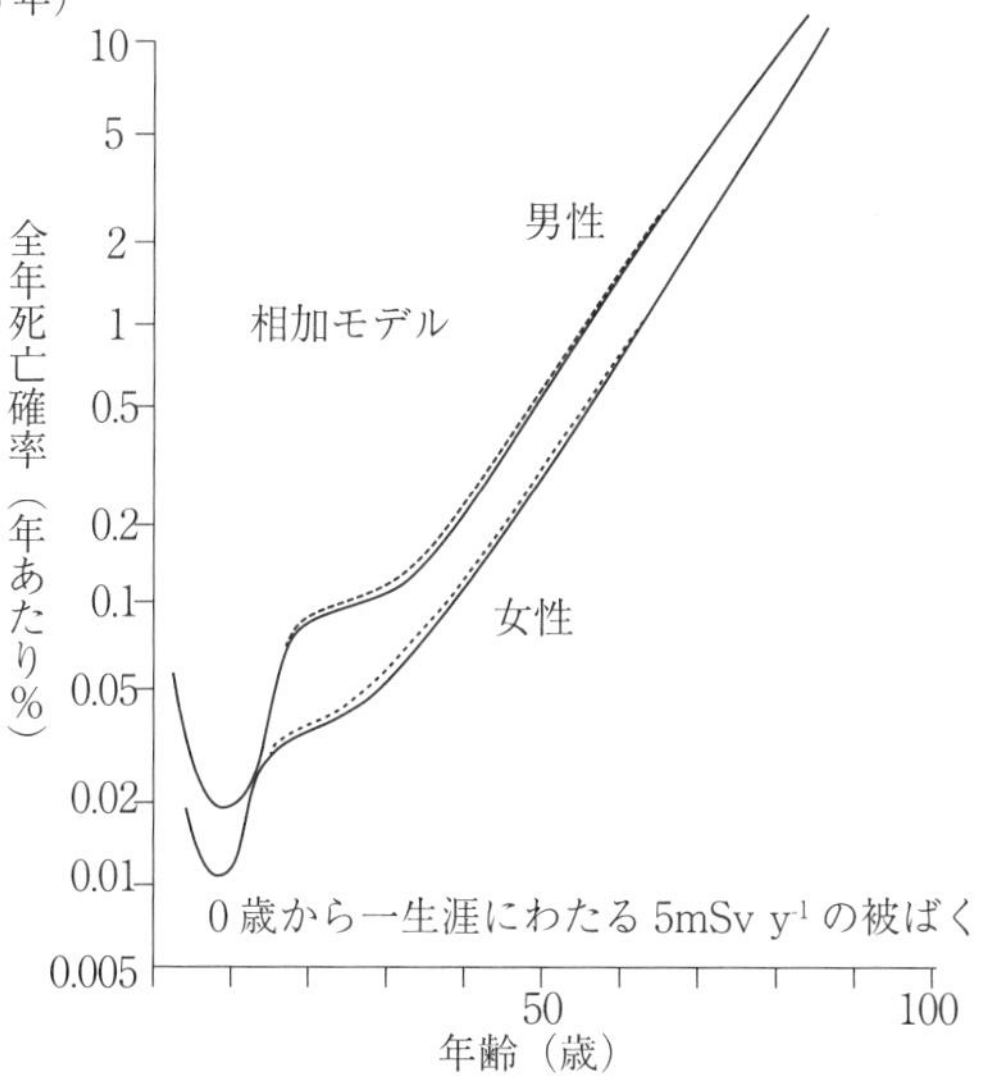

DDREF は 2 と仮定する。この変化は相加予測モデルについてのみ示されている。相乗モデルでは 50 歳以下の年齢においては変化はもっと小さくなる。それより高い年齢では、女性では 4.5 %より小さく、男性では 2.5 %よりも小さい。これらの変化はあまりにも小さいのでこの図の中で示すことはできない。

○PUB60 の 213 ページより引用

説明文中の「DDREF」とは、線量・線量率効果係数（does and dose rate effectiveness factor）の略称である。DDREF＝2 ということは、同じ線量を受けた場合でも、高線量率（急性被ばく）の方が低線量率（慢性被ばく）より影響が 2 倍大きいとする考え方。

言い換えれば、低線量率の影響は、高線量率の影響の 1/2 とする考え方。

実効線量の値を以前の実効線量の値に加えてよい。この限度は暗に、新しい施設の設計における防護の最適化のための拘束値は1年について1ミリシーベルト以下にすべきであるということが含まれている。

この勧告は1986年のチェルノブイリ事故の4年後に出されたものであり、説明はわかりにくいところもあるが、明確に年間実効線量限度1ミリシーベルトが勧告されている。1ミリシーベルトの根拠は明らかであると考えてよいであろう。

段落191に引用されている附属書Cの図C―7は、誕生から一生涯にわたって年当たり5ミリシーベルト被ばくした場合の条件付全年死亡確率の変化（基準はスウェーデン人集団、1986年）をICRPが計算したものであるが、50歳の女性では全年死亡確率（年あたり％）は0・3％、男性では0・6％であり、80歳の女性では6％、男性では10％である。「条件付き」という意味は、その年齢において被ばく者個人が生存している場合のみ与えられる確率ということである。

ICRPはLNTモデル（Linear non-Threshold モデル：直線しきい値なしモデル）、すなわち、ある一定の線量の増加はそれに正比例して放射線起因の発がん又は遺伝性影響の確率の増加を生じるとする線量反応モデルを採用しているので、5ミリシーベルト被ばくした場合の図C―7を5分の1にすれば1ミリシーベルトの被ばくのおおよその影響が求まり、50歳の女性では全年死亡確率は0・06％、男性では0・12％であり、80歳の女性では1・2％、男性では2・0％となる。これらの死亡確率を大きいと思うか、小さいと思うかは人により異なると思われるが、年1ミリシーベルトの基準の根拠は明らかであり、概ね妥当なものとしてよいであろう。

最後に20ミリシーベルトの根拠であるが、先に答えを言ってしまうと、20ミリシーベルトの根拠はICRPの勧告文書の中には、どこにも書かれていないのである。20ミリシーベルト被ばくした場合のおおよその影響は図C―7の4倍になり、50歳の女性では全年死亡確率は1・2％、男性では2・4％であり、80歳の女性では24％、男性では40％である。これはさすがに大きくて誰にとっても認められないと思われるが、PUB103では、この20ミリシーベルトを被ばくの目安に用いようとしているのである。

年間の被ばくの基準としてすでに明確な1ミリシーベルトの基準があるのに、なぜそれを上書きするかのように20ミリシーベルトの基準を新たに作ることができたのかというと、そこにICRP一流のトリックがある。

そのトリックの1番目は、先にPUB103の表8で見てきたように、1ミリシーベルトの基準を、「計画被ばく状況」に限定した基準としたことである。計画被ばく状況とは、すなわち事故前の汚染していない環境に人々が平和に生活していた状況に対してICRPが付けた名前である。線源が管理下にある状況、例えば新しい原子力施設を作ろうとする場合などが該当する。なぜ、ICRPがこんな状況を作り出したのかと言えば、もちろん、その範疇に入らない汚染した状況が出現したからである。

表8の「計画被ばく状況」においては従来の実効線量のみによる規定を複雑化して、前述のとおり、「個人線量限度」と「線量拘束値」の二つの規定を導入し、「公衆被ばく」に対する「個人線量限度」は「年間1ミリシーベルト」とし、「公衆被ばく」に対する「線量拘束値」は「状況に応じ年間1ミ

リシーベルト以下で選択」すると勧告した。1ミリシーベルトの根拠については妥当と判断できるので、この複雑化に深入りする必要はないが、「個人線量限度」と「線量拘束値」の違いを理解できる人が何人いるであろうか。後者は原子力施設から公衆が受ける線量を各線源に割り振った値のようであるが、施設の管理にはなにがしか有用であっても、被ばくの低減化とは関係がなく、単に複雑化したとしか言えないものである。

トリックの2番目は、緊急時被ばく状況という新たな「状況」を作り、そこでは1ミリシーベルトの規制値を使わなくてもよいようにしたのである。その代わりに目安として用いられるのが「参考レベル」である。表8で見たように、緊急時被ばく状況における「公衆被ばく」として『1つの全体的な防護戦略に統合されたすべての対策』に対する「参考レベル」が『計画では、状況に応じ一般的に20ミリシーベルト／年から100ミリシーベルト／年の間』と勧告されている。つまり、原発事故で広範囲に汚染が広がった地域に対してはもはや年間1ミリシーベルトを守れなくなったので、新たに緊急時被ばく状況という枠組を作り、そこに新たな被ばくの限度を作ったのである。同じ線量限度という用語は使いづらいので、参考レベルという、規制値とも目安値ともつかないあいまいな名称を付けて、20から100ミリシーベルトという範囲を示したのである。緊急時に下限値を設けることのおかしさは前述（106ページ）のとおりである。その下限値20ミリシーベルトの根拠は示されていない。

トリックの3番目は、2番目と類型であるが、現存被ばく状況というさらに新たな「状況」を作り、1ミリシーベルトという根拠のある規制値の代わりにあいまいな「参考レベル」をここでも用いることとしたのである。表8で見たように、「参考レベル」は『NORM、自然バックグラウンド放射線、人間の居住環境中の放射性残渣』に対して『状況に応じ1ミリシーベルト/年から20ミリシーベルト/年の間』と勧告されているが、ここでも20ミリシーベルトの根拠は示されていない。現存被ばく状況ではもはや「公衆被ばく」は出てこず、『NORM』と『自然バックグラウンド放射線』と『人間の居住環境中の放射性残渣』が出てくるが、このうち、前2つは自然由来の放射線であり、「計画被ばく状況」でも考慮されるべきものと思われるが、表8では考慮されていない。こんなところにもICRPの思想の一貫性のなさが現れている。『人間の居住環境中の放射性残渣』というのが原発事故で放出された汚染物質を指していると思われるが、ICRPの表記は終始あいまいである。

以上をまとめると、ICRPの声明は、原発事故後の汚染地域では年間1ミリシーベルトという根拠ある線量限度値を守れないために、緊急時被ばく状況と現存被ばく状況という新たな状況を設けて、そこに20ミリシーベルトという根拠のない目安値を設定したものと言える。その「根拠のない目安値」が「参考レベル」である。まるで、事故が起きると人の耐放射線性が急に20倍になるかのようであり、普通このようなことは、ご都合主義と呼ばれる。ICRPに係わる人々はこのような対応に誰も疑問を持たなかったのだろうか。ICRPの勧告に基づいて福島では20ミリシーベルトを基準にした居住政策がとられているが、その結果、白血病・心筋梗塞・甲状腺がんが発症しているということは、ICRPの勧告では人々を放射線から防護することはできず、その勧告がすでに破綻していることを示唆している。

先に1ミリシーベルトの根拠の説明で、ICRPはLNTモデルを採用していると書いた。線量の増加はそれに正比例して放射線起因の発がん又は遺伝性影響の確率を増加させるというモデルであり、それを用いて本書でも20ミリシーベルトに対する全年死亡確率を、例えば80歳の女性では24%、男性では40%であると概算したのだが、これに対して、線量の増加は正比例の関係より、もっと強く影響すると主張する人々がいる。欧州放射線リスク委員会（European Committee on Radiation Risk：ECRR）の人々である。

文科省が「暫定的考え方」を作成して以来、ICRPの声明が金科玉条となり、放射線に関する国際組織は世の中にICRPしかないような印象を与えるが、実はそんなことはなく、このECRRも報告書を公表して、ICRPとは別の考え方を主張している。要約して示すと次のようになる。

欧州放射線リスク委員会勧告

○欧州放射線リスク委員会（ECRR）2010年勧告

・100ミリシーベルトよりも高い一様な外部被ばくの場合には、高線量の疫学調査に基礎を置くICRPの提案は証拠があると言える。しかし、人体の微視的な組織の中で非均一な被ばくを生じる内部被ばくにおいては、そのような平均化の手法は適用できないと考える。人体の組織内での内部線源による電離は微視的な事象であるから、例えばDNAの損傷のような分子レベルの相互作用を無視して、平均エネルギー移行（average energy transfer）を考慮するICRPのモデルは適切ではない。

・内部被ばくについてのリスク評価のためには、グレイ（Gy）やシーベルト（Sv）のような平均エネルギー線量単位（average energy dose units）は適切ではなく、もっと別のより合理的な体系が要求されると考えている。

・我々が提案する機構論的／疫学的モデル（mechanistic/epidemiological model）は、核施設特に再処理工場の近くの住民、大気圏内核実験により被ばくした集団、核実験場の風下に住む住民、チェルノブイリ事故で被ばくした人々、原子力産業や核兵器産業での労働による被ばくした人たち、ウラン兵器の使用にさらされた集団などに見られる異常に高いガンや白血病などの遺伝学的・神経学的影響を帰納法的に解明する（inductive process）ことで作られたものである。

・これに対して、ICRPのモデルは急性の高線量外部被ばくという、あるひとつの条件のデータを慢性の低線量内部被ばくへ演繹的に適用（deductive reasoning）しており、否認されるべきと考えられる。

・我々は、ICRPの科学者達とそのモデルは、閉鎖的科学共同体と循環的論理（closed scientific communities and epicyclical logic）のよい実例であると考えている。

・我々は基礎的な研究を実施しているが、ICRPはいつも机だけの組織（desk organization）であった。ICRPの常勤職員は一人であり、研究はしない。ICRPはUNSCEAR（United Nations Scientific Committee on the Effects of Atomic Radiation：国連放射線影響科学委員会）から情報を提供されているが、UNSCEARも研究をやっていない。UNSCEARの出す報告書は、その編集者が彼らの意向に合う他人の論文を注意深く選んだ寄せ集めである。

・重要なことは、各国政府が技術的に依存している全ての機関が内部でつながっており、ICRP

のモデルに頼り切っていることである。一方で、それらの機関の構成員がＩＣＲＰのメンバーになっており、ＩＣＲＰはそれらの機関から独立していない。その体系は内部で矛盾のない循環が維持される、偽科学と偏見と誤った結論からなる要塞のようなものである（The system is an internally consistent and epicyclically-maintained fortress of bad science, bias and false conclusions.)

ＥＣＲＲは、特に低線量になると、外部線源よりも内部線源による被ばくの影響が大きくなり、人体の組織内での内部線源による電離は微視的な事象であるから、分子レベルの相互作用を無視するＩＣＲＰの平均化モデルは適切ではないと指摘しており、説得力がある。

報告書の結論として、ＥＣＲＲのモデルとＩＣＲＰのモデルを使って１９４５年以来の原子力由来の全死者数を計算すると、ＥＣＲＲでのがん死者は６１、６００、０００名であり、ＩＣＲＰでは１、１７３、６００名（Executive Summary 11）である。これらに基づいて導かれるＥＣＲＲの最大許容線量は一般公衆に対して0・1ミリシーベルト、職業員に対しては2ミリシーベルト（Executive Summary 14）であり、実際上、原子力活動は認められないことを示唆するものである。

ＥＣＲＲはまた、ＩＣＲＰは閉鎖的科学共同体であり、ＵＮＳＣＥＡＲもその一部であると指摘している。その全てが当たっているかどうかは断定ができないが、前書『てんまつ記』を書くときにＵＮＳＣＥＡＲの福島事故白書（２０１６年）を読んで、当時何の先入観もなかった筆者も「この報告書は国連が手を下して調査研究を行ったものではなく、全て文献調査であり、原発事故による放射線被害はないとしたいIAEAの願望に合った論文が集められている」と感じたが、期せずして同じ感覚をECRRの科学者も抱いているということは、そのように感じさせる何か――根源的な不誠実さというべきもの――がUNSCEARの体質としてあるということだろう。UNSCEARの報告書を読めば、誰でも自ずから感じとられるものである。それはICRPの最近の勧告についても同じである。

各国の政府機関がICRPのモデルに頼り切り、一方で、それらの機関の構成員がICRPのメンバーになっているという点は、新勧告案に寄せられたコメントでも批判されていることである。

繰り返しになるかも知れないが、ICRPの勧告の一番の問題点は、そこに何も論理がないことである。「緊急時被ばく状況」とか「現存被ばく状況」とか「参考レベル」という造語を持ち出しているが、それらを使うことの妥当性が全く説明されず、検証もされていない。20ミリシーベルトの根拠はどこにも書かれていない。2007年勧告と今回の新勧告案は、いわばICRPが勝手に作り出した空虚で壮大な物語である。これをECRRはもっときつく、偽科学と偏見と誤った結論からなる要塞、と言ったのである。

唯一、論理らしく見える「正当化」と「最適化」も、その内実は、住民の健康被害を後回しにして経済的利益を優先させるために、ICRP特有の難しい言葉で作った言い訳のための道具である。

正当化とは前述のとおり、緊急時被ばく状況又は現存被ばく状況においては、その救済措置の導入によって個人及び社会にもたらされる便益が、その費用及びその措置に起因する害を上回るかどうかを決定するプロセスのことであるが、これを福島に当てはめると、20ミリシーベルトの地域に住民を帰還させるという救済措置の導入による便益が、住民が白血病などのさまざまな病気を発症する害よりも上回ると判断されたのである。その中には子どもたちの甲状腺がんも含まれる。このように、住民に健康被害をもたらし、個人として最も重要な命を軽視する一方で、経済的利益を優先する根拠になっているのが、正当化である。

同じく最適化とは、いかなるレベルの防護と安全が、被ばくの確率と大きさを、経済的・社会的要因を考慮の上、合理的に達成可能な限り低くできるかを決めるプロセスとされているが、これを福島に当てはめると、経済的・社会的要因を考慮した結果、合理的に達成できる除染の限度として20ミリシーベルトが決まったことになる。

このように、正当化も最適化も、人間の価値を貨幣より下に置くという倫理上の問題を含んでおり、論理のスタートラインにはなり得ないものである。

一方で、ICRPが被ばくの目安（＝参考レベル）を決めるためには正当化と最適化のプロセスを踏むように勧告しているのは事実である。それなのに、文科省や環境省や復興庁がこれらのプロセスを踏んだ形跡はなく、検討の過程を示す報告書もない。ただ20ミリシーベルトという結果だけが使われている。このような事態を何と言うのだろうか。元になるプロセス自体が経済的利益優先であるのだが、そのプロセスにさえ従っていない。経済的利益優先のICRPでさえ、正当化と最適化が必要だと言っているのに、そのプロセスを踏まないまま、今の政策が作られているのである。

第4章の「20ミリシーベルトの根拠はあるのか」に対する答えは、「20ミリシーベルトの根拠はない」である。

5　被ばくの実験台にされる子どもたち

事故後の対応について、文科省、原災本部、環境省、復興庁などから様々な文書が出されたが、2012年9月に原子力規制委員会が発足すると、放射線の被ばくに関する対応は規制委に集約されるようになった。

2013年3月7日の第29回原子力災害対策本部は、自民党政権のメンバーで開催されたが、その場で、根本復興大臣から対策本部に対し、線量基準と防護措置の具体化について年内を目途に見解を出すよう要請があり、そのための科学的基礎の検討を規制委員会が行うように田中委員長に要請があった。

第29回原災本部会議

○第29回原子力災害対策本部　2013年3月7日（木）

本部長：安倍晋三内閣総理大臣

副本部長：菅義偉内閣官房長官、茂木敏充経済産業大臣、石原伸晃環境大臣、田中俊一原子力規制委員会委員長

本部員：麻生太郎財務大臣、新藤義孝総務大臣、谷垣禎一法務大臣、岸田文雄外務大臣、下村博文文部科学大臣、田村憲久厚生労働大臣、林芳正農林水産大臣、太田昭宏国土交通大臣、小野寺五典防衛大臣、根本匠復興大臣ほか

〈根本〉住民が安全・安心に暮らしていくための線量基準のあり方の検討や国民理解の浸透に取り組むべきとの地元からの要望や、子ども・被災者支援法における適切な地域指定のあり方を検討

するため、線量水準に応じて講じるきめ細かな防護措置の具体化について、原子力災害対策本部において議論し、年内を目途に一定の見解を示していただきたい。また、本検討に当たっては原子力規制委員会が科学的見地からの役割を果たしていただきたい。
〔田中〕復興大臣からのご発言は、福島県の住民の方々にとって大変重要であり、原子力災害対策本部における検討に資するよう、原子力規制委員会として、しっかりと取り組んでいきたい。

根本復興大臣の要請を田中委員長が引き受けたことから、規制委員会内に「帰還に向けた安全・安心対策に関する検討チーム」が設置され、要請から半年後の２０１３年９月１７日から、１０月３日、１０月１６日、１１月１１日まで、計４回の会合が開かれた。第１回の出席者は外部の学識経験者５名を含めて次のとおりである。

帰還に向けた検討チーム

〇帰還に向けた安全・安心対策に関する検討チーム　第１回　２０１３年９月１７日

中村佳代子 原子力規制委員会委員
外部有識者（５名）
明石真言 独立行政法人放射線医学総合研究所理事
春日文子 国立医薬品食品衛生研究所安全情報部長
丹羽太貫 福島県立医科大学放射線医学県民健康管理センター国際連携部門特命教授

星北斗 公益財団法人星総合病院理事長
森口祐一 東京大学大学院工学系研究科都市工学専攻教授
原子力規制庁 森本英香次長、小川壮放射線対策課長、石川直子放射線対策企画官、
室石泰弘監視情報課長
各省庁 田村厚雄内閣府原子力被災者生活支援チーム参事官、戸高秀史同参事官
桐生康生環境省放射線健康管理担当参事官、森下哲放射性物質汚染対策担当参事官
星野岳穂復興庁統括官付参事官

この検討チームの最大の目的は線量水準に応じた防護対策を検討することであるが、第1回の検討チーム会合で早くも「線量水準に関連した考え方」という資料が配られ、本書でいままで述べてきた線量率の区切りの値（100、20、1ミリシーベルト）について解説されている。その内容はICRPの説明をそのまま書き写したものであって、各数値について新たな根拠は示されていないが、いままでの論点のまとめとしては有用と思われるので要約して次に示す。なお、傍線をつけた部分は「参考レベル」を繰り返し説明している部分である。この文書は規制委員会が今後に作成する資料の基礎となるものである。

○第1回検討チーム資料　2013年9月17日

線量水準に関連した考え方

1．放射線による健康影響についての科学的知見（100ミリシーベルト）について

①UNSCEARの報告書及びICRP勧告によれば、以下の点が明らかにされている。

②100ミリシーベルト以下の被ばくでは、確定的影響（皮膚障害や不妊）などは確認されていない。

③確率的影響（がんや白血病）のリスクは疫学的方法で明らかにすることは困難とされている。

④以上は短時間での評価であるが、長期間では積算線量が同じ100ミリシーベルトでも健康影響が小さい。

⑤子どもや胎児に対しても、100ミリシーベルト以下では発がんリスク等の差は確認されていない。

⑥ヒトにおける遺伝的影響については、疾患の明らかな増加を証明するデータはない。

2．避難に関する考え方（20ミリシーベルト）について

(1)国際的な考え方

①ICRP勧告ではLNTモデルを用いるとともに、「緊急時被ばく状況」及び「現存被ばく状況」における線量水準として「参考レベル」を提唱している。

②「緊急時被ばく状況」では、年20〜100ミリシーベルトの範囲で参考レベルを設定する。この参考レベルは、「最適化」するための目安であり、被ばくの限度を示したものではない。また、安全と危険の境界を表したりするものではない。

③また、参考レベルは、個人の生活面での要因等「経済的及び社会的要因を考慮して」「被ば

くの発生確率、被ばくする人の数、及び個人線量の大きさのいずれをも合理的に達成できる限り低く抑える」ことにより、追加被ばく線量を低減するための目安として用いるとされている。

(2)我が国政府の対応

① 我が国政府は、ICRP勧告の緊急時被ばく状況の参考レベル20~100ミリシーベルトのうち最も厳しい値に相当する20ミリシーベルトを参考レベルとして採用した。

② その上で、20ミリシーベルトを速やかに達成するため、年20ミリシーベルトを超える地域について避難を指示した。

③ なお、事故直後の避難指示に当たっては、空間線量の測定結果に基づいて判断がなされた。8時間屋外、16時間屋内（放射線は40%に低減）で代表させる等により線量を評価した。ただし、実際に個人線量を測定すると、空間線量による推定結果を下回ることが多い。

3．避難指示解除に関する考え方（20ミリシーベルト）について

(1)国際的な考え方

① ICRP勧告では、「介入の中止の正当化は、介入を促した対策レベルにまで被ばくが減少したことを確認することである。」とされている。

② 一方、現存被ばく状況では、年1~20ミリシーベルトの範囲の下方部分から参考レベルを設定し、個人に着目して、居住や労働を続けながら、建物の浄化等で放射線被ばくを低減することとされている。

③上述のとおり、参考レベルは、放射線防護措置を効果的に進めていくための目安であり、被ばくの限度を示したものではない。また、安全と危険の境界を表したりするものではない。さらに、個人の生活面での要因等「経済的及び社会的要因を考慮して」「被ばくの発生確率、被ばくする人の数、及び個人線量の大きさのいずれをも合理的に達成できる限り低く抑える」ことにより、追加被ばく線量を低減していくべきとされている。

(2)我が国政府の対応

①我が国政府は、避難指示の解除の要件について、年20ミリシーベルト以下となることが確実である地域としている。これは、年20ミリシーベルトは、「他の発がん要因によるリスクと比べても十分低い水準である」（これは100ページの「低線量被ばくのリスク管理に関するワーキンググループ」報告書のf．である。筆者注）とともに、「放射線防護の観点からは、生活圏を中心として除染や食品の安全管理等の放射線防護措置を通じて、十分リスクを回避できる水準」（同m．）であり、「今後より一層の線量低減を目指すに当たってのスタートラインとしては適切であると考えられる」（同n．）ことに基づいている。

②ただし、年20ミリシーベルト以下となることが確実である地域であっても、帰還する住民の生活環境や放射線に対する不安もありうることを踏まえ、「日常生活に必須なインフラや生活関連サービスがおおむね復旧し、除染作業が十分進捗した段階で、県、市町村、住民との十分な協議を踏まえ、避難指示を解除する」方針としている。

③また、年20ミリシーベルトを下回っていることが確認された地域については、「現存被ば

く状況に移行したものとみなされる」としている。

④このため、年20ミリシーベルト以下となることが確実である地域においては、避難指示の解除に向け、インフラや生活関連サービスの復旧支援や除染作業が進められている。放射線防護の方針については、「ア 長期的な目標として追加被ばく線量が年間1ミリシーベルト以下となること。」「イ 平成25年8月末までに、一般公衆の年間追加被ばく線量を平成23年8月末と比べて、放射性物質の物理的減衰等を含めて約50％減少した状態を実現すること。」「ウ 子どもの生活環境を優先的に除染することによって、平成25年8月末までに、子どもの年間追加被ばく線量が平成23年8月末と比べて、放射性物質の物理的減衰等を含めて約60％減少した状態を実現すること。」を目指すとした。

⑤なお、避難指示が解除された場合に円滑に生活を再開できるよう、市町村と住民が協議を始めた段階から、「ふるさとへの帰還の準備のための宿泊制度」を、地元の意向を踏まえ、実施している。

4．放射線防護に関する長期目標（1ミリシーベルト）について

(1)国際的な考え方

①ICRP勧告では、現存被ばく状況における防護対策は、数十年にも及び、年間追加被ばく線量1ミリシーベルトが長期的に目指す参考レベルとして選ばれる代表的な値であるとされている。

②上述のとおり、参考レベルは、放射線防護措置を効果的に進めていくための目安であり、

被ばくの限度を示したものではない。また、安全と危険の境界を表したりするものではない。さらに、個人の生活面での要因等「経済的及び社会的要因を考慮して」「被ばくの発生確率、被ばくする人の数、及び個人線量の大きさのいずれをも合理的に達成できる限り低く抑える」ことにより、追加被ばく線量を低減していくべきとされている。

(2)我が国政府の対応

①我が国政府は、長期間の放射線防護によって段階的に被ばく線量を低減させ、長期的な参考レベルとして、追加被ばく線量が年間1ミリシーベルト以下となることを目指すとしている。

②この参考レベルは、現存被ばく状況において、個人個人が、居住や労働を続けながら、長期的に目指していくというＩＣＲＰ勧告に基づいて設定している。具体的には、定点測定による線量推定を用いつつ、より実際の被ばく状況に即した判断が可能となる個人線量を念頭に設定している。

③上述のとおり、参考レベルは、放射線防護措置を効果的に進めていくための目安であり、被ばくの限度を示したものではない。また、安全と危険の境界を表したりするものではない。さらに、個人の生活面での要因等「経済的及び社会的要因を考慮して」「被ばくの発生確率、被ばくする人の数、及び個人線量の大きさのいずれをも合理的に達成できる限り低く抑える」ことにより、追加被ばく線量を低減していくべきとされている。

一読して、これは、平成23年11月から12月にかけて開催された「低線量被ばくのリスク管理に関するワーキンググループ」の報告書の焼き直しであることがわかる。しかし、低線量報告書では触れられていた内部被ばくの影響や、ウクライナ等の国では年間5ミリシーベルトを目安に住民を移住させていることなどが、この「線量水準に関連した考え方」ではことごとく無視されている。「国際的な考え方」という項目はあっても、そこではICRP勧告の紹介に終始しており、欧州放射線リスク委員会勧告（ECRR）はおろか、ウクライナ法の紹介すら載せられていない。もちろん検討チームのメンバーがこれらの海外事例を知らないはずはないが、議論をICRP勧告のみに誘導し、そこから踏み外さないように注意深く作成されたことがわかる。

4回も繰り返して「参考レベルは、放射線防護措置を効果的に進めていくための目安であり、被ばくの限度を示したものではない。また、安全と危険の境界を表したりするものではない。」と強調していることも注意深さのあらわれであるが、被ばくの限度でもなく、また安全と危険の境界でもない参考レベルの値をなぜ避難指示の解除の条件に使えるのか、そこの説明はない。さらに、個人の生活面での要因等「経済的及び社会的要因を考慮して」「被ばくの発生確率、被ばくする人の数、及び個人線量の大きさのいずれをも合理的に達成できる限り低く抑える」ことにより、追加被ばく線量を低減していくべきとされているが、これも結局、経済的及び社会的要因を考慮すると20ミリシーベルトまで下げるのがせいぜいであるから、20シーベルト以下の被ばくは我慢してそこに居続けろと言っているのと同じである。現在の公衆被ばくの限度とみなされている1ミリシーベルト（本来、「一般公衆は被ばくしないこと」が法律の原則である）も、何の説明もなく、いつのことになるかわからない長期目標にされてしまった。

第4章で示したとおり、ＩＣＲＰの勧告には論理がなく、「緊急時被ばく状況」「現存被ばく状況」「参考レベル」を用いることの妥当性が検証されていないので、この「線量水準に関連した考え方」は出発点からおかしなものであるが、規制委員会はこの文書に基づいてこれ以降の政策を立案していくのである。

この「帰還に向けた安全・安心対策に関する検討チーム」の第4回（2013年11月11日）には、検討チームとしての報告書が示され、若干の修正を経て、2013年11月20日の規制委員会において了承された。それが次の文書である。別紙も含めると13ページにもなるので、線量に関するところを要約して示すことにする。

帰還に向けた基本的考え方

○帰還に向けた安全・安心対策に関する基本的考え方

（線量水準に応じた防護措置の具体化のために）平成25年11月20日　原子力規制委員会

1．検討の背景

国は、平成23年3月以降、原発から半径20キロメートル圏内、及び半径20キロメートル以遠の地域であって、空間線量率から推定された年間積算線量が20ミリシーベルト以上となる地域の住民に避難を指示した。その後、線量水準に応じた避難指示区域の見直しが行われ、避難指示解除準備区域、居住制限区域、帰還困難区域の区域指定が行われた。

避難住民は、早期の帰還を希望する方々、避難先での生活の再建を希望する方々、今も決めかねている方々など様々であり、避難指示区域外の住民や自主的な避難住民も、放射線に対する不安や生活再建に対する不安を抱えている。

そこで、原子力規制委員会は、避難住民、避難指示区域外の住民、自主的な避難住民の不安に応えるため、以下の事項について国としての取組の必要性を提起する。

・汚染環境における、帰還後の住民の生活設計

・避難住民や避難指示区域外の住民、自主的な避難住民の不安の解消及び生活の再建

・帰還を選択する住民と帰還を選択しない住民との間で、軋轢が生じないような丁寧な取組

2．住民の帰還に向けた安全・安心対策の基本的な考え方

(1)　線量水準に関連した考え方

放射線による被ばくに関する国際的な知見及び線量水準に関する考えは、以下のとおりである。

・100ミリシーベルトを超える場合には、がん罹患率や死亡率の上昇が線量の増加に伴って観察されている。100ミリシーベルト以下では、疫学的に健康リスクの明らかな増加を証明することは難しいと国際的に認識されている。なお、放射線防護対策を実施するに当たっては、子供や妊婦に特に留意すべきとしている。

・公衆の被ばく線量限度（年間1ミリシーベルト）は、ICRPが、低線量率生涯被ばくによる年齢別年間がん死亡率の推定、及び自然放射線による年間の被ばく線量の差等を基に定めたものであり、被ばくにおける安全と危険の境界を表したものではないとしている。放射線防護の考

え方は、いかなる線量でもリスクが存在するという予防的な仮定にたっているとしている。ただし、線量限度は線源が制御された計画被ばく状況にのみに適用され、緊急被ばく状況や現存被ばく状況へは適用すべきではないとしている。

・ＩＣＲＰは、現存被ばく状況における参考レベル（これを上回る被ばくの発生を許す計画の策定は不適切であると判断され、それより下では防護の最適化を履行すべき線量又はリスクのレベル）は、長期的な目標として、年間１〜２０ミリシーベルトの線量域の下方部分から選択すべきであるとしている。過去の経験から、この目標は、長期の事故後では年間１ミリシーベルトが適切であるとしている。参考レベルは、地域の汚染状況に加えて、住民の社会生活、経済生活及び環境生活の持続可能性、並びに住民の健康などのバランスを検討し、関係するステークホルダーの見解に基づいて、それぞれ設定すべきであるとしている。また、参考レベルは防護方策を推進する枠組みとして使用するだけでなく、実施された防護方策の有効性を判定するための基準として利用されるとしている。

我が国では、ＩＣＲＰの勧告等を踏まえ、空間線量率から推定される年間積算線量（２０ミリシーベルト）以下の地域になることが確実であることを避難指示解除の要件の一つとして定めている。

ただし、避難指示区域への住民の帰還にあたっては、当該地域の空間線量率から推定される年間積算線量が２０ミリシーベルトを下回ることは、必須の条件に過ぎず、同時に、ＩＣＲＰにおける現存被ばく状況の考え方を踏まえ、以下について、国が責任をもって取組むことが必要である。

・長期目標として、帰還後に個人が受ける追加被ばく線量が年間1ミリシーベルト以下になるよう目指すこと

(2) 個人が受ける被ばく線量に着目することについて

被ばくの健康影響を判断するためには、個人線量をできるだけ正確に把握することが重要である。加えて、住民の長期的な健康管理の面においても、個人線量を個人線量計等によって継続的に測定し、その記録を残すことが重要である。したがって、帰還後の住民の被ばく線量の評価は、空間線量率による被ばく線量ではなく、個人線量を用いることを基本とすべきである。

3. 住民の帰還に向けた取組

避難指示解除後は、ICRPの現存被ばく状況に準じた扱いをすることが妥当である。住民は、自らの個人線量を把握し、被ばく線量の低減を図りつつ、健康を確保するといった、自発的な活動を行うことが望ましいとされている。

(1) 住民の帰還の判断に資するロードマップの策定

①住民の個人線量の把握・管理

②住民の被ばく線量の低減に資する対策

③放射線に対する健康不安等に向き合った対策

④放射線に対する健康不安に向き合ってわかりやすく応えるリスクコミュニケーション対策

(2) 帰還の選択をする住民を総合的に支援する仕組の構築

①帰還の選択をする住民を身近で支える相談員の配置
②相談員の活動を支援する拠点の整備
・相談員を科学的・技術的に支援するための専門家ネットワークの構築
・相談員の放射線に関する知識の習熟のための研修
・住民の健康管理に資する個人線量データの継続的な把握
・帰還の選択をする住民の幅広いニーズに対応する相談体制、等
また、本拠点は、相談員の活動状況や地域の復興状況に応じて、専門家ネットワークを構成する専門分野の追加・変更を図るなど、機能を柔軟に変更していくことが必要である。

この後に、別紙「住民の帰還の選択を支援する個々の対策とその実施の際に考慮すべき課題」が付いているが省略する。

本文書の1．は、検討の背景の説明である。ここでは、自主的な避難住民に対する目配りも感じられるが、2．⑴ですぐ出てくるように、避難指示解除の要件を20ミリシーベルトとしているために、それは上辺だけの甘言であり、自主的な避難住民にとってはむしろ桎梏となる文書である。

本文書の2．⑴は、158ページの第1回検討チームの資料「線量水準に関連した考え方」から、緊急時被ばく状況に関する部分を削除し、新たに2つめの段落で、公衆の被ばく線量限度（年間1ミリシーベルト）に関する説明として、「①低線量率生涯被ばくによる年齢別年間がん死亡率の推定、及び②自然放射線による年間の被ばく線量の差等を基に定めたものであり、③被ばくにおける安全と

危険の境界を表したものではないとしている」を追加したものである。この追加説明の部分であるが、①と②については PUB60に根拠となる記載があるが、③については根拠となるものはない。PUB103に「線量拘束値も参考レベルも、〈安全〉と〈危険〉の境界を表すものではない（段落228）」という似た記載はあるものの、これは公衆の被ばく線量限度（年間1ミリシーベルト）についての説明ではない。つまり、ここでは、線量拘束値と参考レベルについての説明を、公衆の被ばく線量限度（年間1ミリシーベルト）についての説明とすり替えているのである。ここには、1ミリシーベルトを超えても危険ではないことを印象づけようとする操作が感じられる。もし、すり替えでなければ、これを書いた役人がICRP勧告を理解していないかの、いずれかである。

本文書の2.(2)では、空間線量率から推定される被ばく線量の代わりに、個人が受ける被ばく線量を用いることとしているが、これも空間線量率が下がらないことに対するすり替えである。個人線量計では実際の線量の70％程度しか測定できないことは線量計のメーカーが証言しているし、1日中線量計を付けた生活など、子どもたちはおろか大人でもできるはずはない。1日中線量計を付けた生活を住民に強いることになれば、甲斐先生が何より心配する、放射線の不安から心身が不健康になることに思いが至らないのだろうか。

本文書の3.(1)では、帰還のためのロードマップに提示されるべき対策が掲げられているが、まず、なすべきは、住民の放射線被ばくによる心身の被害の実態を明らかにすることであろう。

本文書の3.(2)では、帰還する住民を支援するために相談員が重要であるとされているが、自治体と信頼関係のない現状において、住民から信頼される相談員がいるとは思えない。そもそも、少しでも放射線の知識があれば、汚染地域に住み続けても大丈夫であると本心から言える相談員はいないのではないか。

この文書は2013年11月に規制委員会において了承されたが、その後、この文書に基づいて何かが規制委員会において行われた形跡はない。私のいる規制庁でも、大切な文書だから読んでおくように、というようなお達しは出ていない。内容の是非はともかく、この文書は被ばく防護の考え方から住民の支援対策まで包括的に網羅しており、使い道はあると思うのだが、規制委員会内でも規制庁内でも話題になってはいない。毎年3・11には、規制委員長の訓示があるのだが、そこでも言及されず、ずっと放置されたままであった。それが5年後の2018年になってようやく委員の間で日の目をみることになるのだが、その前に、この間の2017年（平成29年）5月19日に改正された福島復興再生特別措置法について見ておきたい。この法律が作られたのは震災後1年が経った2012年3月であるが、それが5年後に改正されて、第十七条の二が追加されている。

福島復興再生特別措置法

○福島復興再生特別措置法

（制定：平成24年3月31日号外法律第25号）

（目的）

第一条　この法律は、原子力災害により深刻かつ多大な被害を受けた福島の復興及び再生が、その置かれた特殊な諸事情とこれまで原子力政策を推進してきたことに伴う国の社会的な責任を踏まえて行われるべきものであることに鑑み、原子力災害からの福島の復興及び再生の基本となる福島復興再生基本方針の策定、避難解除等区域の復興及び再生のための特別の措置、原子力災害からの産業の復興及び再生のための特別の措置等について定めることにより、原子力災害からの福島の復興及び再生の推進を図り、もって東日本大震災復興基本法（平成二十三年法律第七十六号）第二条の基本理念に則した東日本大震災からの復興の円滑かつ迅速な推進と活力ある日本の再生に資することを目的とする。

（基本理念）

第二条　原子力災害からの福島の復興及び再生は、原子力災害により多数の住民が避難を余儀なくされたこと、復旧に長期間を要すること、放射性物質による汚染のおそれに起因して住民の健康上の不安が生じていること、これらに伴い安心して暮らし、子どもを生み、育てることができる環境を実現するとともに、社会経済を再生する必要があることその他の福島が直面する緊要な課題について、女性、子ども、障害者等を含めた多様な住民の意見を尊重しつつ解決することにより、地域経済の活性化を促進し、福島の地域社会の絆《きずな》の維持及び再生を図ることを旨として、行われなければならない。

2　原子力災害からの福島の復興及び再生は、住民一人一人が災害を乗り越えて豊かな人生を送ることができるようにすることを旨として、行われなければならない。

3　原子力災害からの福島の復興及び再生に関する施策は、福島の地方公共団体の自主性及び自立性を尊重しつつ、講ぜられなければならない。

4　原子力災害からの福島の復興及び再生に関する施策は、福島の地域のコミュニティの維持に配慮して講ぜられなければならない。

5　原子力災害からの福島の復興及び再生に関する施策が講ぜられるに当たっては、放射性物質による汚染の状況及び人の健康への影響、原子力災害からの福島の復興及び再生の状況等に関する正確な情報の提供に特に留意されなければならない。

（国の責務）

第三条　国は、前条に規定する基本理念にのっとり、原子力災害からの福島の復興及び再生に関する施策を総合的に策定し、継続的かつ迅速に実施する責務を有する。

第一節の二　特定復興再生拠点区域復興再生計画及びこれに基づく措置

第一款　特定復興再生拠点区域復興再生計画

（特定復興再生拠点区域復興再生計画の認定）

第十七条の二　特定避難指示区域市町村の長は、福島復興再生基本方針に即して、復興庁令で定めるところにより、特定復興再生拠点区域の復興及び再生を推進するための計画を作成し、内閣総理大臣の認定を申請することができる。

一　当該区域における放射線量が、当該特定避難指示区域における放射線量に比して相当程度低く、土壌等の除染等の措置を行うことにより、おおむね五年以内に、特定避難指示の解除に支障がないものとして復興庁令・内閣府令で定める基準以下に低減する見込みが確実であること。

二　当該区域の地形、交通の利便性その他の自然的社会的条件からみて、帰還する住民の生活及び地域経済の再建のための拠点となる区域として適切であると認められること。

三　当該区域の規模及び原子力発電所の事故の発生前の土地利用の状況からみて、計画的かつ効率的に公共施設その他の施設の整備を行うことができると認められること。

第3章で20ミリシーベルトが書かれている法令を探したときに、この法律については触れなかったが、改正前のこの法律での20ミリシーベルトの扱いは、第3章で言及した環境省の「平成二十三年三月十一日に発生した東北地方太平洋沖地震に伴う原子力発電所の事故により放出された放射性物質による環境の汚染への対処に関する特別措置法」での扱いと同じである。すなわち、法律自体には20ミリシーベルトの記載はなく、平成24年7月13日付の復興庁の「福島復興再生基本方針」という文書に、除染等の措置に関する基本的な施策として、「追加被ばく線量が年間20ミリシーベルト以上である地域は、当該地域を段階的かつ迅速に縮小することを目指す。追加被ばく線量が年間20ミリシーベルト未満である地域は、長期的な目標として追加被ばく線量が年間1ミリシーベルト以下となることを目指した対策を講ずる」という説明が書かれているだけである。

この法律の目的と基本理念は高く評価できるものと思うが、ここでも被ばくの目安が20ミリシーベルトとされているので、高い理念とは裏腹に、住民に不安な暮らしを強いる白々しいものになっている。

法律の改正後は、改正と同日に、次の規則（法律本文の第17条の2第一号で傍点を付けた復興庁令・内閣府令）が施行されて、20ミリシーベルトが規則中に明記されている。

○復興庁・内閣府関係福島復興再生特別措置法施行規則〔平成二十九年五月十九日号外内閣府、復興庁令第一号〕

福島復興再生特別措置法第十七条の二第一項第一号の復興庁令・内閣府令で定める基準は、平成二十三年十二月二十六日に原子力災害対策本部において決定されたステップ二の完了を受けた警戒区域及び避難指示区域の見直しに関する基本的考え方及び今後の検討課題についてにおいて示された国の避難指示を解除するための要件を踏まえ、住民が受ける年間積算線量について、二十ミリシーベルトであることとする。

ここにきて、ようやく単なる文書にではなく、規則に20ミリシーベルトと明記したことはひとつの進歩ではあるが、依然として、法律に記載のない状態は解消されていない。それはともかく、この法律の改正の目的は「特定復興再生拠点区域」というものを新たに設けるためであるが、それが何であるかは第十七条の二を読んだだけではよくわからないと思う。

まず、原災本部が設定した福島での住民の避難に係わる区域について、設定の経緯を見てみる。

○これまでの避難指示等に関するお知らせ（経済産業省HP）

・事故発生直後の2011年3月12日に、原発から半径20キロメートル圏内を「避難指示区域」とし、その区域の住民に避難を指示した。

・２０１１年４月１１日に、事故発生から１年の期間内に積算線量が２０ミリシーベルトに達するおそれのある区域を「計画的避難区域」とし（「計画的」というのは、避難指示区域ではあるが「今すぐ」ではないという意味。筆者注）、それ以外の半径２０キロメートルから３０キロメートルにある区域については「緊急時避難準備区域」とした。
・２０１１年４月２１日に、「避難指示区域」を「警戒区域」に設定した（治安上の目的）。
・２０１１年１２月２６日に、原災本部文書「ステップ２の完了を受けた警戒区域及び避難指示区域の見直しに関する基本的考え方及び今後の検討課題について」により、「警戒区域」を解除し、「避難指示区域」を３つに再編して、①年間積算線量２０ミリシーベルト以下となることが確実であることが確認された地域を「避難指示解除準備区域」、②現時点からの年間積算線量が２０ミリシーベルトを超えるおそれがあり、住民の被ばく線量を低減する観点から引き続き避難を継続することを求める地域を「居住制限区域」、③長期間、具体的には５年間を経過してもなお、年間積算線量が２０ミリシーベルトを下回らないおそれのある、現時点で年間積算線量が５０ミリシーベルト超の地域を「帰還困難区域」と設定した。

今回の法律改正は、この「③帰還困難区域」に「特定復興再生拠点区域」を設け、この区域では避難指示を解除し、居住を可能とするものである。つまり、今まで、まがりなりにも２０ミリシーベルトの限度を守ってきたことを反故にして、２０ミリシーベルト以上の区域にも住民を居住させようというものである。法律改正の時点で、復興庁の試算によれば、帰還困難区域の面積は、３３、７００

ヘクタール（東京23区の面積の約半分）、そのうち、特定復興再生拠点区域の面積は1、500〜2、000ヘクタールである。

この「特定復興再生拠点区域」に関して、2018年（平成30年）8月22日（水）の第23回原子力規制委員会において、内閣府原子力災害対策本部・原子力被災者生活支援チームの松永明事務局長補佐と野口康成参事官が説明を行い、規制委員会に対し協力を依頼している。そこで用いられたのが次の資料であり、「特定復興再生拠点区域」とはどのようなものであるか、具体的に説明している。資料はパワーポイント版の箇条書きでわかりにくいと思うので、答えを書いておくと、今は20ミリシーベルト以上の帰還困難区域であっても、5年以内に20ミリシーベルト以下になる見込みがあれば、帰還困難区域の指定を現時点で解除し、「特定復興再生拠点区域」として整備しようとするものである。

平成30年第23回原子力規制委員会

○特定復興再生拠点区域における放射線防護対策に関する協力依頼について

平成30年8月　内閣府原子力被災者生活支援チーム

(1)帰還困難区域における特定復興再生拠点の整備

・福島復興再生特別措置法の改正により、帰還困難区域の復興及び再生を推進する計画制度を創設。

・既に6町村（双葉町、大熊町、浪江町、富岡町、飯舘村、葛尾村）の計画を内閣総理大臣が認定。

（ここに6町村について、特定復興再生拠点区域、帰還困難区域、避難指示解除区域等が図示された地図が添付されている。筆者注）

・町村、県、国で構成される「特定復興再生拠点整備推進会議」を設置し、計画の具体化を推進。

(2)ＪＲ常磐線（避難指示区域内）の開通の見通し

・ＪＲ常磐線は、浪江～富岡駅間以外運転再開済。平成３１年度末までの全線開通を目指す。

(3)避難指示区域を巡る対応

・平成２９年春まで大熊町・双葉町を除く、居住制限区域及び避難指示解除準備区域を解除

・福島復興再生特別措置法の改正（Ｈ２９．０５．１９公布・施行）

↓特定復興再生拠点区域の制度創設

・平成３０年内目途　政府方針決定

↓特定復興再生拠点区域避難指示解除のプロセスを決定し、帰還に向けた準備を進めるための立入緩和方針等を決定

・平成３１年夏頃各町村で先行解除の際の運用方針決定予定

・平成３２年３月末までＪＲ常磐線全線開通・先行解除（大野駅、双葉駅、夜ノ森駅）

・平成３４年春～３５年春特定復興再生拠点区域全域解除

(4)今後のスケジュール・依頼内容

１．今後のスケジュール

・平成30年8月～：内閣府支援チームにより実態調査を実施（調査内容（案）は下記のとおり）
a．空間線量率に関する詳細なモニタリング
b．代表的な行動パターンにおける被ばく調査
c．内部被ばく調査のためのダストサンプリング
d．区域内に残置された物の汚染度合い／分布状況の調査
e．実走調査等による付着物調査
・平成30年内目途：内閣府支援チーム、復興庁、環境省等
・各町村の特定復興再生拠点計画、放射線量の状況等を説明し、先行解除時／拠点区域解除後の防護策の政府案を提示
・政府案内容：①拠点区域解除後
　　　　　　　②先行解除時の立入規制緩和の防護・リスコミ対策

2．依頼内容
帰還困難区域における特定復興再生拠点区域に関して、政府として具体的な防護策も含めた検討を開始するので、原子力規制委員会から先行解除時／拠点区域解除後の防護策の政府案に対する評価・コメント等を頂きたい。

このときの規制委員会の議事録から、松永事務局長の説明と依頼、それに対する更田委員長の回答を抜粋する。

○平成３０年第２３回原子力規制委員会議事録（２０１８年８月２２日）

〔松永事務局長補佐〕

特定復興再生拠点区域は、帰還困難区域内に避難指示を解除し、居住を可能とする区域として定めたものです。帰還困難区域は、将来にわたって居住を制限することを原則とし、線引きは少なくとも５年間を固定することとした区域です。その後５年が経過して、放射線量の低下が見られたこと等を踏まえ、平成２９年５月に福島復興再生特別措置法を改正し、特定復興再生拠点区域の復興及び再生を推進するための計画制度を創設したところです。

本制度では、市町村長は帰還困難区域内に特定復興再生拠点区域を定め、その区域の土地利用を実現するための除染、廃棄物処理、インフラ整備などの計画を作成することとしております。この計画を内閣総理大臣が認定し、国が除染、インフラ整備などの事業を一体的かつ効率的に実施することで、帰還困難区域の一部区域について、解除の道筋を示したところです。

この制度を受け、平成２９年９月から平成３０年５月にかけて、双葉町、大熊町、浪江町、富岡町、飯館村、葛尾村において、それぞれ計画を内閣総理大臣が認定しました。これらの町村においては、町村、県、国で構成されます特定復興再生拠点整備推進会議をそれぞれ設置し、計画の具体化を推進するための議論を行っています。特定復興再生拠点区域の全域解除の時期は、各町村によって異なりますが、平成３４年の春から平成３５年の春までを予定しております。

ＪＲ常磐線については、（２０２０年３月１４日に全線開通。筆者注）運転不通区間にあります双葉駅、大野駅、夜ノ森駅は全て帰還困難区域内にあります。全線開通した際には、各町はそれぞれの駅及びその周辺の一部区域を先行的に避難指示を解除することを目標としております。

解除に向けて平成２５年には原子力規制委員会において、個人線量測定の重要性及び住民の帰還に向けた放射線防護の面からの総合的な対策を提示いただき、これに基づいて防護措置を講じることで、平成２９年の春までに、大熊町、双葉町を除く居住制限区域及び避難指示解除準備区域の解除に至りました。特定復興再生拠点区域についても同様に避難指示解除に向け、放射線防護の観点から検討を加えたいと考えております。

スケジュールについて、政府としては、今年中に特定復興再生拠点区域の避難指示解除の要件や、立入緩和の方針について示したいと考えております。

なお、特定復興再生拠点区域の全体の避難指示解除は今から４～５年先となりますので、その後実施する調査の結果や特定復興再生拠点整備の進捗などを勘案し、引き続き状況に応じてご意見を伺うことも想定しております。

今後、平成３４年春から平成３５年春の特定復興再生拠点区域の避難指示解除及び平成３２年３月末の双葉町、大熊町、富岡町の駅を中心とした地域の先行解除や立入緩和に向けまして、特定復興再生拠点区域の全域解除後の防護・リスクコミュニケーション（リスコミ）対策、及び、その前の先行解除時点で必要となる防護・リスコミ対策、等を開始したいと考えております。原子力規制委員会には我々の防護・リスコミ対策につきまして、専門的見地からの対策の十分性、必要性などに関する評価、コメントをいただきたいと考えております。

本日、御了解がいただければ、まずは現地の実態把握のための調査を開始したいと考えています。その目的は、特定復興再生拠点区域では線量が比較的高い地域が一部存在する可能性があります。そのため、防護策の提示に向けた基礎情報を収集するために行うものです。具体的には、外部被ばく調査のための詳細なモニタリング、行動パターンに基づく被ばく線量調査、内部被ばく調査のためのダストサンプリング等々を行うことを検討しているところです。

以上でございます。

〔更田委員長〕

これは支援チームからの依頼という形になっているけれども、こういったものに関して科学的・技術的な観点からコメントをするのは、原子力規制委員会の役割の一つであろうとも思いますけれども、支援チームが中心となって取りまとめる特定復興再生拠点区域、いわゆる拠点ですね、拠点の避難指示解除に関連した放射線防護策に関して、原子力規制委員会として評価、コメント等をするという、今回あった依頼に応えるということでよろしいでしょうか。（首肯する委員あり）

このような議事録を読んでも、何のために福島復興再生特別措置法が改正されたのかわかりにくいかもしれないが、一番問題となる箇所は、第十七条の二において、特定復興再生拠点区域の条件として、第一号に「当該区域における放射線量が、当該特定避難指示区域における放射線量に比して相当程度低く、土壌等の除染等の措置を行うことにより、おおむね五年以内に、特定避難指示の解除に支障がないものとして復興庁令・内閣府令で定める基準（20ミリシーベルトのこと。筆者注）以下に低減する見込みが確実であること」と定められていることである。特に「おおむね五年以内に」が問題である。

つまり、この法律は、今は20ミリシーベルト以上の帰還困難区域であっても、5年以内に20ミリシーベルト以下になる見込みがあれば、帰還困難区域の指定を現時点で解除できるようにしたものである。今までは、少なくとも20ミリシーベルトは守ろうとしてきたのに、ここにきてやはり20ミリシーベルトが守れないので、5年間を猶予期間にして20ミリシーベルトの基準をないものにしようとするものである。セシウムの半減期30年から計算すると、今22・5ミリシーベルトでないと、5年後に20ミリシーベルトにならない。5年経っても、一割くらいしか下がらないのである。今解除したのはいいが、5年後に20ミリシーベルト以下にならなかったら、どうするのだろうか。恐るべきフライングである。また、「低減する見込みが確実」であるかどうか、どうやって判断するのだろうか。

松永事務局長の説明では、原子力規制委員会から了解があれば、現地の実態把握のための調査を開始したいということであった。更田委員長が了解したので、その調査は迅速に行われ、ほぼ3か月後の平成30年11月28日の平成30年度第44回原子力規制委員会でその結果が報告されることになった。

その委員会予定日の1週間前に、規制委員を集めた勉強会が規制委委員会内で開催されている。そのときの議事録である。

○規制委員会勉強会「帰還に向けた安全・安心対策に関する基本的考え方について」
1．件名：帰還に向けた安全・安心対策に関する基本的考え方について
2．日時：平成30年11月21日（水）12時20分～12時50分
3．場所：原子力規制委員会 委員応接室
4．出席者
原子力規制委員会：田中委員、山中委員、伴委員、石渡委員
原子力規制庁：安井長官、荻野次長、櫻田原子力規制技監、青木審議官、山形緊急事態対策監、佐藤放射線防護企画課長
5．要旨
内閣府原子力被災者生活支援チームから特定復興再生拠点区域における放射線防護対策に関する協力依頼があったことを受け、これに関連して、平成25年11月20日に原子力規制委員会が決定した「帰還に向けた安全・安心対策に関する基本的考え方（線量水準に応じた防護措置の具体化のために）」について勉強会を行った。
6．配布資料
・帰還に向けた安全・安心対策に関する基本的考え方（線量水準に応じた防護措置の具体化のために）

以上

この勉強会でようやく2013年11月に規制委員会が作成し、ずっと放置されていた「帰還に向けた……」の文書が日の目を見たのである。この文書が国に求めている「住民の帰還の判断に資するロードマップの策定」とか「帰還の選択をする住民を身近で支える相談員の配置」とかは、内閣府原災本部または復興庁の仕事であり、規制委員会の仕事ではないことから放置されていたものと思われるが、次週の規制委員会で原災本部から報告があることから、文書の作成者が文書を知らないのはきまりが悪いので、昼食をとりながらの勉強会になったものと思われる。

第44回原子力規制委員会の当日は、内閣府より前回の資料を改定した「特定復興再生拠点区域における放射線防護対策に関する骨子案及び調査結果について」という資料が報告されている。中間報告なのでここでは引用しないが、調査結果に基づいて推計された外部被ばく線量の結果を見ると、大熊町、双葉町、富岡町での被ばく線量は、内閣府が設定した評価条件においても、年間2～4ミリシーベルトであり、1ミリシーベルトを超えている。本資料の末尾には「次回は、12月上中旬を目途に、関係省庁連名の放射線防護策案をお諮りしたい」とあり、その言葉どおり平成30年12月12日の第47回原子力規制委員会において「特定復興再生拠点区域における放射線防護対策について（案）」が議題に上がっている。

そこで審議されたのが次の資料であるが、全体で10ページほどあり、規制委員会の「平成25年の基本的考え方」と重複するところもあるので、要約して示す。本資料の審議は、更田委員長の「それでは、この特定復興再生拠点区域における放射線防護対策について、原子力規制庁が担当する内容について了承するとともに、この内容が平成25年の基本的考え方に沿った方向で取りまとめられているものと認めたいと思います」という発言で締めくくられている。

特定復興再生拠点区域における放射線防護対策について

○特定復興再生拠点区域における放射線防護対策について　平成３０年１２月１２日

内閣府原子力被災者生活支援チーム・復興庁・環境省・原子力規制庁

１．検討の背景

政府は、平成２３年３月以降、半径２０キロメートル圏内、及び半径２０キロメートル以遠の空間線量率から推定された年間積算線量が２０ミリシーベルト以上となる地域に、避難を指示した。その後、線量水準に応じた見直しが行われ、避難指示解除準備区域、居住制限区域、帰還困難区域の区域指定が行われた。

避難指示解除準備区域や居住制限区域では、避難指示解除に向けて、放射線の健康影響等に関する不安に応える対策を取りまとめた「帰還に向けた安全・安心対策に関する基本的考え方」（以下「基本的考え方」という）を踏まえ、放射線防護対策を講じてきた。

他方、帰還困難区域は、「ステップ２の完了を受けた警戒区域及び避難指示区域の見直しに関する基本的考え方及び今後の検討課題について」において、「将来にわたって居住を制限する」区域としていた。現在も、立入りを厳しく制限している。

この帰還困難区域について、「事故後５年５か月が経過し、一部では放射線量が低下していること等を踏まえ、地元から帰還困難区域の取扱いを検討するよう要望」を受け、「帰還困難区域の取扱いに関する考え方」（平成28年8月31日原子力災害対策本部・復興推進会議）において、「5年を目途に、線量の低下状況も踏まえて避難指示を解除し、居住を可能とすることを目指す『復興拠点』」の整備等をすることについて、基本的な考え方を示した。

この考え方を具体化した制度措置が盛り込まれた「福島復興再生特別措置法の一部を改正する法律」（以下「福島復興再生特別特措法」という。）において、「特定復興再生拠点区域」が制度として創設された。この制度に基づき、6町村が「特定復興再生拠点区域復興再生計画」を策定し、内閣総理大臣の認定を受け、除染やインフラ整備を始めとする帰還環境の整備が進められている。

こうした避難指示解除に向けた動きが進んでいることを踏まえ、特定復興再生拠点区域への住民の帰還を現実のものとすべく、必要な放射線防護対策を検討した。

2．住民の帰還に向けた安全・安心対策の基本的な考え方

避難指示区域への帰還に当たっては、被ばく線量を低減し、放射線に関する不安に応える対策を示すことが必要である。このため、「基本的考え方」においては、「空間線量率から推定される年間積算線量が20ミリシーベルトを下回ることは、必須の条件」に過ぎないとし、

①帰還後の被ばく線量の評価に当たっては個人線量を基本とすべきこと、

②長期目標として年間1ミリシーベルト以下になることを目指していくこと、

③避難指示の解除後に被ばく線量の低減・健康不安対策をきめ細かく講じていくことに基づき、避難指示解除準備区域や居住制限区域の放射線防護対策を具体化してきた。

特定復興再生拠点区域は、福島復興再生特別措置法において、おおむね5年以内に避難指示解除に支障ない基準（20ミリシーベルト）以下に低減する見込みであることを認定条件の一つとし、土壌等の除染等の措置やインフラ整備を始めとする避難指示解除に向けた取組が進められている。

そこで、これまで避難指示を解除してきた区域と同様に、特定復興再生拠点区域においても、「基本的考え方」における上記①～③の考え方に基づき、放射線防護対策を具体化することとする。

3．特定復興再生拠点区域への住民の帰還に向けた取組

特定復興再生拠点区域への帰還に向けては、これまで立入りを厳しく制限してきた区域であることから、被ばく線量の低減を図り、放射線に関する不安対策を追加・強化することとする。

(1)特定復興再生拠点区域における帰還準備段階の取組

特定復興再生拠点区域は、物理的な防護措置を実施して立入りを厳しく制限し、例外的に一時立入りを実施する場合には個人線量計を配布、通行証を発行し、退去時にはスクリーニング等を実施している。今後、避難指示解除を一層加速化したいという住民の意向に配慮する観点から、立入りの頻度に応じて、この厳しい立入制限を見直す必要がある。

この見直しに当たっては、一時的な立入りの実施に比べ、よりきめ細かな安全・安心対策を講じることとする。その際、住民の居住や長時間の滞在は認めないものの、「基本的考え方」を踏まえた対策を講じることとする。

そこで、より精緻に線量等の状況を把握した上で被ばく線量の低減に資する対策を講じるため、以下の対策について、自治体と相談しながら重層的に講じる。

①住民の個人線量の把握・管理
②住民の被ばく線量の低減に資する対策（線量マップ、残置物の汚染度調査等）
③分かりやすく正確なリスクコミュニケーション・健康不安対策

こうした対策を講じることで、特定復興再生拠点区域については、放射線防護の観点からは、バリケードなど物理的な防護措置を実施しないことを可能とする。

⑵特定復興再生拠点区域における避難指示解除に向けた取組

特定復興再生拠点区域の避難指示解除に向けては、日常生活の種々の不安の解消につながる対策を講じることも重要となる。

そこで、以下の対策について、自治体等の意向を踏まえながら、総合的・重層的に講じる。

①住民の個人線量の把握・管理
②住民の被ばく線量の低減に資する対策（個人線量計を用いた実測データの把握等）
③分かりやすく正確なリスクコミュニケーション・健康不安対策（相談員支援等）

この後に、規制委員会の「基本的考え方」に付いていたものと同じ別紙「住民の帰還の選択を支援する個々の対策とその実施の際に考慮すべき課題」が付いているが省略する。

こうして、帰還困難区域に住民を戻す手はずが迅速に整い、年末年始を挟んだほぼ一月後の２０２

0年1月17日に、原災本部で、避難指示解除準備区域の解除と共に、帰還困難区域に対する初の解除が行われた。

第50回原災本部会議

○第50回原子力災害対策本部会議

2020年（令和2年）1月17日（金）8時41分〜8時48分

本部長：内閣総理大臣安倍晋三

副本部長：内閣官房長官菅義偉、経済産業大臣梶山弘志、環境大臣小泉進次郎、原子力規制委員会委員長更田豊志

本部員：財務大臣麻生太郎、総務大臣高市早苗、法務大臣森まさこ、外務大臣茂木敏充、文部科学大臣萩生田光一、厚生労働大臣加藤勝信、農林水産大臣江藤拓、国土交通大臣赤羽一嘉、防衛大臣河野太郎、復興大臣田中和德、国家公安委員会委員長武田良太、内閣危機管理監沖田芳樹　ほか

【議題】双葉町・大熊町・富岡町における避難指示区域の解除について（案）

1．東京電力株式会社福島第一原子力発電所事故に伴い、双葉町において設定された避難指示解除準備区域について、『「原子力災害からの福島復興の加速に向けて」改訂（平成27年6月12日原子力災害対策本部決定）』における避難指示解除の要件を満たすことから、以下のとおり解除することを決定する。

また、双葉町・大熊町・富岡町において設定された帰還困難区域のうち別紙に記載する区域について、『特定復興再生拠点区域の避難指示解除と帰還・居住に向けて（平成30年12月21日原子力災害対策本部決定）』における避難指示解除の要件を満たすことから、以下のとおり解除することを決定する。

(1)双葉町

①町内の避難指示解除準備区域及び帰還困難区域のうち別紙に記載する区域を解除する。

②上記①の解除は令和2年3月4日午前0時に行う。

(2)大熊町

①町内の帰還困難区域のうち別紙に記載する区域を解除する。

②上記①の解除は令和2年3月5日午前0時に行う。

(3)富岡町

①町内の帰還困難区域のうち別紙に記載する区域を解除する。

②上記①の解除は令和2年3月10日午前6時に行う。

2．本決定を踏まえ、双葉町・大熊町・富岡町に対し、別添のとおり指示を行う。

以上

（参考）避難指示解除の要件

①空間線量率で推定された年間積算線量が20ミリシーベルト以下になることが確実であること

②電気、ガス、上下水道、主要交通網、通信など日常生活に必須なインフラや医療・介護・郵便などの生活関連サービスがおおむね復旧すること、子どもの生活環境を中心とする除染作業が

十分に進捗すること
③県、市町村、住民との十分な協議
初の帰還困難区域の解除について、関心を抱いたマスコミもある。

〇帰還困難区域　初の解除決定　朝日新聞2020年1月18日
・3月　双葉・大熊・富岡の一部　常磐線全通へ
政府の原子力災害対策本部は17日、東京電力福島第一原発の周辺地域のうち、最も放射線量が高かった福島県の帰還困難区域について、駅前周辺などに限って3月に避難指示を解除すると決めた。同区域の解除は事故後初めて。

解除されるのは双葉町のJR双葉駅周辺が3月4日午前0時、大熊町の大野駅周辺が同5日午前0時、富岡町の夜ノ森駅周辺が同10日午前6時。いずれも帰還困難区域に設けられた「特定復興再生拠点」の一部で、東京五輪の開催に間に合わせるため、拠点全体の解除に先駆けて実施する。これに伴いJR東日本も17日、事故後不通だった常磐線富岡〜浪江駅間を3月14日に再開すると発表した。これで全線再開となる。

また原災本部は、双葉町では線量が比較的低かった避難指示解除準備区域（221ヘクタール）の解除も決めた。同本部によると、解除対象の除染は終わっているが、大野駅周辺の線量は年平均9・1ミリシーベルトと、まだ国の解除基準（年20ミリシーベルト）の半分弱ある。（編集委員・

大月規義）

　こうして事故発生直後は、文科省、原災本部、環境省、復興庁などで20ミリシーベルトが被ばくの基準に使われていたが、2012年9月に原子力規制委員会が発足し、被ばく対応が規制委に集約されても、規制委の誰も20ミリシーベルトの根拠を疑わず、被ばくの基準は変わらなかった。規制委員長は率先して異論を排し、原災本部の副本部長として、20ミリシーベルトをあらゆる施策のベースにして各省庁に協力している。それはすなわち、子どもたちを20ミリシーベルトまでの被ばくの実験台にしていることである。

　規制委員会の活動原則の一番目には、「何ものにもとらわれず、科学的・技術的な見地から、独立して意思決定を行う」とある。実際には、規制委はICRPにとらわれたまま、科学的技術的な見地から意思決定を行っていない。活動原則の三番目には「国内外の多様な意見に耳を傾け、孤立と独善を戒める」とある。ICRPにとらわれた規制委は、ECRRの勧告、チェルノブイリ法、被災住民の声などの多様な意見に耳を傾けず、孤立し独善に陥っている。被災住民の声の一端は、第1章の「新勧告案に対する国内のコメント」に掲げたとおりである。これらのコメントに対する回答は、ICRPに成り代わって規制委員会が作文するものと思われるが、今のような姿勢で、被災住民に納得してもらえる回答が書けるのだろうか。

　2012年12月の自民党による政権交代においても20ミリシーベルトの見直しは行われず、むしろ民主党が基準を決めてくれたことをこれ幸いと利用して、それをより強固なものにしてしまった。

その結果、20ミリシーベルトの問題は与野党の対立点にならず、被災住民は与党からも野党からも見放された状況に置かれている。

2020年（令和2年）2月13日に、福島県の「県民健康調査」検討委員会の第37回会合が開かれ、甲状腺検査の実施状況などの資料が配付されている。その最後に「参考資料4」として「甲状腺検査結果の状況」があり、その資料のさらに参考として「悪性ないし悪性疑いと判定された人数及び手術症例等」が添付されている。

福島県民健康調査

○悪性ないし悪性疑いと判定された人数及び手術症例等　福島県民健康調査より

先行検査から本格検査（検査4回目）及び25歳時の節目の検査までの状況

・総計　悪性ないし悪性疑いの判定数237人うち 手術実施187人

（良性結節1人、乳頭癌184人、低分化癌1人、その他の甲状腺癌1人）

・先行検査 H30．3．31現在【実施年度：平成23年度～25年度】

計116人（男性39人：女性77人）

（手術実施102人：良性結節1人、乳頭癌100人、低分化癌1人）

・本格検査（検査2回目）H30．3．31現在【実施年度：平成26年度～27年度】

計71人（男性32人：女性39人）

（手術実施52人：乳頭癌51人、その他の甲状腺癌1人）

・本格検査（検査3回目）R１．９．３０現在【実施年度：平成２８年度〜２９年度】

・平成２８年度実施対象市町村１２人（男性６人：女性６人）

（手術実施１１人：乳頭癌１１人）

・平成２９年度実施対象市町村１８人（男性６人：女性１２人）

（手術実施１３人：乳頭癌１３人）

計３０人（男性１２人：女性１８人）

（手術実施２４人：乳頭癌２４人）

・本格検査（検査4回目）R１．９．３０現在【実施年度：平成３０年度〜３１年度】

・平成３０年度実施対象市町村１５人（男性7人：女性８人）

（手術実施８人：乳頭癌８人）

・平成３１年度実施対象市町村１人（男性1人：女性０人）

（手術実施０人：乳頭癌０人）

計１６人（男性８人：女性８人）

（手術実施８人：乳頭癌８人）

・２５歳時の節目の検査　R１．９．３０現在【実施年度：平成２９年度〜】

計４人（男性2人：女性２人）

（手術実施１人：乳頭癌１人）

患者数のみに着目するのは本意ではないが、２０１１～２０１３年度の検査では１１６人、２０１４～２０１５年度では７１人、２０１６～２０１７年度では３０人、２０１８～２０１９年度では１６人、その他に２５歳時の節目の検査で４人、合わせて２３７人である。福島県の集計だけでも、これだけの患者数である。

事故時に被ばくした人が潜伏期を経て発症していると考えられるが、２３７人の子どもたち（事故当時１８歳以下）が甲状腺がんを発症した原因は、本当にそれだけなのだろうか。ヨウ素とほぼ同じ強さの放射線を放出するセシウムによる影響は本当にないのだろうか。

福島県の甲状腺検査は、事故に遭遇した１８歳以下の人（平成4年4月2日～平成23年4月1日生まれの人）に加え、事故後1年になる２０１２年（平成２４年）４月１日生まれの人までを対象としており、今のところ事故後に生まれた人の発症はないが、今後も発症がないとは言い切れない。事故後に生まれた子どもたちのなかには、避難が認められず、汚染地区に住まざるを得ない子どもたちがいる。そこに残留しているセシウムから２０ミリシーベルトまでの被ばくを受け続けているのである。そのような子どもたちを検査の対象にしなくてもよいのだろうか。

また、事故後、不幸にも被ばくして、その後すぐに汚染地区から離れて、日本各地へ避難した子どもたちもいる。そのような子どもたちについても検査の対象にしなくてもよいのだろうか。幸いに、そのような子どもたちに発症がなければ、潜伏期間についてはひとまず考えなくてもよくなり、汚染地区に住み続けることの方が、影響の大きいことがわかる。

6　まとめとおわりに

20ミリシーベルトの基準は、その理論的な根拠がないことと並んで、法律にその規定がないことが大きな問題である。日本の全ての法律を探しても、条文に20ミリシーベルトと書かれている法律はない。それなのに、被災地の人々はこの基準に基づいて汚染地区に住むように強制されているのである。

本書は、法律に規定のない20ミリシーベルトの基準を、なぜ人々に強制できるのか、という視点で書いたものである。

まず、一般公衆に対する1ミリシーベルトの線量限度の規定であるが、これは人々に強制されているわけではない。国民に対してではなく、原子力事業者に対して周辺監視区域の外で年間1ミリシーベルト以下にすることが義務づけられているのである。日本では一般人が放射性物質を用いることは全面的に禁止されているので、一般公衆に対して被ばくの限度を規定する必要はなく、事業者のみを規制すればよい。「一般公衆は被ばくしないこと」が原則であり、この原則は、原発事故後においても変わっていない。

原発事故後、文科省が「校舎・校庭等の利用判断における暫定的考え方」という通知文を発出して、教育委員会や国立大学等に20ミリシーベルトの基準を守るように義務づけている。しかし、これは単なる通知文であるから、文科省から指示が出せる教育委員会などには効力があっても、指示が出せない一般人に対しては効力がない。汚染地区に住む子どもたちや父母の被ばくの基準は従来どおり「一般公衆は被ばくしないこと」が原則なのである。

環境省の「環境の汚染への対処に関する特別措置法」では法律本体に20ミリシーベルトの規定は

なく、告示において20ミリシーベルトの規定がある。しかし、その数値は土壌を除染する時の除染事業の目標であって、その場所に居住する一般公衆に対する被ばくの基準ではない。一般公衆の被ばくの基準は従来どおり「一般公衆は被ばくしないこと」が原則なのである。ここで、一番重要な20ミリシーベルトという数値が、告示という役人の作文に書かれていることも、国民全体に対する基準には成り得ない理由になる。

復興庁の「子ども・被災者支援法」では法律本体にも、規則・告示にも20ミリシーベルトの規定はなく、ようやく復興庁の内部文書において、支援対象地域の基準を20ミリシーベルトとするという記載がある。この法律は、被災者支援という名のもとに、支援対象地域に住む一般住民を対象にしているので、その地域が基準以下になれば、避難先での住宅支援が打ち切られ帰還を強制されることになる。このように住民全員に強制力のある法律において、一番重要となる支援の基準だけが国会の議決を経ずして、復興庁の役人の作文により決められているのである。このような行政はまさに行政権の濫用である。

復興庁の「福島復興再生特別措置法」では法律本体に20ミリシーベルトの規定はなく、復興庁・内閣府の施行規則において、帰還困難区域内に特定復興再生拠点区域を設ける際の線引きに20ミリシーベルトを規定している。法律のすぐ下のレベルの「規則」に規定がある唯一の例である。

これらの例からわかるように、20ミリシーベルトの基準は法律に規定がなく、従って、この基準に基づく全ての施策は国民に強制することができないものである。逆にいえば、国民はそのような施策に従う義務はないのである。これは、20ミリシーベルトという数値の理論的な妥当性を議論する以前の問題である。

もちろん、20ミリシーベルトという基準を法律に記載することは立法事務の問題であり、手続きさえいとわなければ、できることである。おそらく法律の趣旨説明の時に、各役所の役人は議員に20ミリシーベルトを基準とすることを説明していると思う。現在の事態は単に役人が怠慢であったことに過ぎないのかもしれない。しかし、これから20ミリシーベルトを法律に明記するには法律改正が必要であるから、その過程で国会審議を経ることになり、必ずその数値の妥当性に議論が及ぶはずである。その際に、20ミリシーベルトという基準を「一般公衆は被ばくしないこと」という原子力基本法の原則と整合させるのは、優秀な役人であっても容易なことではないだろう。

20ミリシーベルトを最初に決めたのが民主党政権であるから、国会では与野党の区別がなく、20ミリシーベルトを擁護する勢力が過半数を占めるかもしれないが、その中にもこの基準のおかしさに気づいている議員はいるはずである。この基準に反対する有権者は大勢いるので、議員も知らぬ顔はできず、実質的な審議ができる可能性はある。

年間20ミリシーベルトの基準は事故後のICRPの声明に基づいて文科省が原案を作り、原子力災害対策本部と原子力安全委員会が決定したものである。その後、有識者等のワーキンググループでの討議を経て、原案と大きく変わらないまま、今の原子力規制委員会の基本的考え方に引き継がれている。出発点であるICRP声明は、1ミリシーベルトを基準としていた1990年勧告に基づくものではなく、緊急時被ばく状況と現存被ばく状況という新たな状況を設けて、そこに20ミリシーベルトという基準を設定した2007年勧告に基づいている。事故後の汚染地域では年間1ミリシーベルトが守れないからといって基準の方を20倍にするのは、まるで、事故が起きると人の耐放射線性が急に20倍になるかのようであり、普通このようなことは、ご都合主義と呼ばれる。このようなおかしさは放射線被ばくに馴染みの少ない議員でもわかることであろう。

各国の政府機関とICRPの構成員が共通であることから、「現存被ばく状況」等を使うことの妥当性が政府機関において全く説明されず、検証もされないまま、国の施策の基礎となっている。20ミリシーベルトについてもICRP勧告にはその根拠が説明されていないが、そのような基準をなぜ使うのか、その理論的な根拠について原子力規制委員会に質問しても明確な回答は得られない。ただ、こんな返信が来るだけである。読者の方も規制委員会のHPから質問をしてみれば、同じような返信が来ることが確かめられる。

○20ミリシーベルトの根拠についての原子力規制委員会の回答

避難指示解除の要件は、原子力災害対策本部が「ステップ2の完了を受けた警戒区域及び避難指示区域の見直しに関する基本的考え方及び今後の検討課題について」において定めたものです。そのため、当該要件の一つである「20ミリシーベルト」に対する御意見、御質問については、原子力災害対策本部の事務局である内閣府原子力被災者生活支援チームにお問合せください。

また、ICRPが刊行する文書に対する解釈等ついて、原子力規制庁が見解を示すことは適切ではないと考えます。

は原子力災害対策特別措置法の第20条第3項において、原子力の技術的及び専門的な事項については原子力災害対策本部長ではなく、副本部長である原子力規制委員長に所掌させると定められているにもかかわらず、この対応である。事故直後の原子力安全委員会の対応をほうふつとさせるもので、このようなことが続けば、規制委は原安委と同じ消滅の道をたどることであろう。

2007年勧告に基づいて事故後20ミリシーベルトを基準にした居住政策がとられているが、その結果、住民に白血病・心筋梗塞・甲状腺がんが発症しているということは、2007年勧告がすでに破綻していることを示唆している。ICRPの無謬の要塞は崩れているのである。

子どもたちの甲状腺がんについては、症例数の増加が止まらないことが心配である。前書では患者数は194人であったが、2019年9月末では43人増えて237人になっている。なぜ止まらないのだろうか。もちろん、事故時の被ばくの影響が潜伏期間を経て現れていることが考えられるが、それ以外の要因を考えたとき、他の地域にはなくて福島にだけある要因は、放射線量が高いことである。ヨウ素もセシウムもほぼ同じエネルギーの放射線を放出するので、セシウムからの放射線により細胞が破損されるおそれは同じようにある。そのおそれがある以上、原子力規制委員会が20ミリシーベルトを被ばくの基準にしていることは、子どもたちを被ばくの実験台にしていることと同じであり、決して許されないことである。

本書の書名は、当初『続・内部告発てんまつ記――原子力規制委員会は子どもたちを被ばくの実験台にするのか』の予定であった。しかし、ICRPの新勧告案へのコメント投稿が祟って、筆者は新任の人事課長から雇い止めに遭ってしまった。本書が出版される２０２０年４月以降は、もう内部にはいないので、現在の書名になっている。

あとがき

おわりに私的な述懐をお許しいただきたい。

表紙の画は、前書の「佐鳴湖・秋桜」、今回の「秋・美菜子」とも、筆者の友人である小川光さんの妻の直子さんの日本画作品集『識無辺』からお借りしたものである。

小川光さんは筆者の前の会社での友人で、お互いに単身赴任の気軽さから休日には一緒に大和古寺を巡ったりしていたが、彼はしばらくして直子さんと一緒の暮らしを選び、早期退職された。

佐鳴湖を眺めて妻と暮らさむと歩み出したり新たな地にて

若いころ決して曝さぬ奥底を曝したくなり短歌を作る

今日妻と告知受けたり何時の間に吾の亡き後の話となりぬ

今のパパ私一番好きみたい足揉む妻がひとりつぶやく

『光となりて』小川光・短歌　小川直子・絵　より

友人の死因は希少がんであり、以前の動燃事業団への出向が原因ではないかと私は考えている。

コスモスのすがれるさまを亡き友が見ている気配す友の妻の画

[著者略歴]

松田文夫（まつだ・ふみお）

1971年　東京大学工学部卒業
民間企業、経済産業省などに勤務
2020年3月まで　原子力規制庁技術参与
『パイエルス「渡り鳥」』吉岡書店（翻訳）、2004年
『一詩一週』朝日新聞出版、2010年
『内部告発てんまつ記——原子力規制庁の場合』七つ森書館、2018年

告発《こくはつ》・原子力規制委員会《げんしりょくきせいいいんかい》

——被ばくの実験台にされる子どもたち

2020年5月10日　初版第1刷発行　　　定価1800円＋税

著　者　松田文夫©
発行者　高須次郎
発行所　緑風出版
〒113-0033　東京都文京区本郷2-17-5　ツイン壱岐坂
［電話］03-3812-9420　［FAX］03-3812-7262［郵便振替］00100-9-30776
［E-mail］info@ryokufu.com［URL］http://www.ryokufu.com/

装　幀　斎藤あかね　　カバー画　小川直子
制　作　R 企 画　　印　刷　中央精版印刷・巣鴨美術印刷
製　本　中央精版印刷　　用　紙　中央精版印刷・大宝紙業　　E1200

ISBN978-4-8461-2008-5　C0036